VOYAGE

AU GUAZACOALCOS

AUX ANTILLES ET AUX ÉTATS-UNIS.

PARIS. — IMPRIMERIE DE C.-L.-F. PANCKOUCKE,
Rue des Poitevins, n° 14.

VOYAGE
AU GUAZACOALCOS

AUX ANTILLES

ET AUX ÉTATS-UNIS,

PAR

M. A. BRISSOT.

PARIS,

ARTHUS BERTRAND, ÉDITEUR,

LIBRAIRE DE LA SOCIÉTÉ DE GÉOGRAPHIE,

23, RUE HAUTEFEUILLE.

1837.

NOTE DE L'ÉDITEUR.

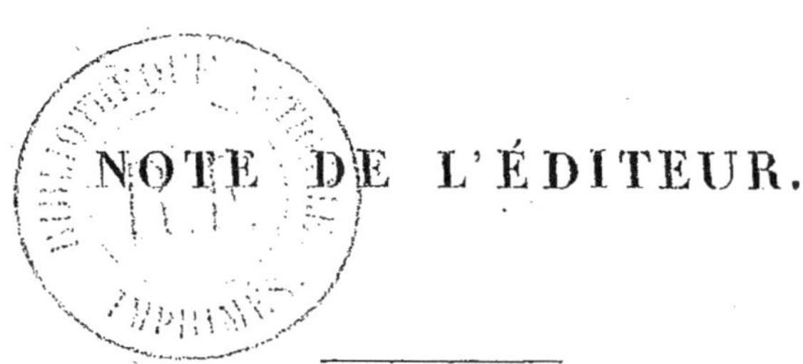

Cet ouvrage n'était point destiné à l'impression. Ce sont de simples notes recueillies pendant un voyage entrepris dans le but de fonder un établissement au Guazacoalcos. Quelques-unes de ces notes ayant été insérées dans le *Journal de la Marine*, y ont été lues avec intérêt, et on a désiré connaître le voyage tout entier. Ceci s'explique facilement. La fièvre de la colonisation et des expatriations lointaines travaille les esprits d'une foule de personnes ; il a paru curieux de connaître les mésaventures de ceux qui, dupes de trompeuses promesses, se sont laissé embarquer pour cette colonie du Mexique, où ils s'attendaient à trouver des villes toutes bâties, des bazars et des ports ouverts au commerce : terre fantastique qu'on leur avait présentée comme un autre Eldorado, et qui devait être si vite pour eux le théâtre de cruels désappointements.

L'auteur, sacrifiant son amour-propre au désir d'être utile, s'est peu inquiété des reproches qu'on pourrait adresser à son style ; il n'a voulu qu'instruire par son expérience ceux de ses concitoyens qui seraient tentés d'aller chercher la fortune dans un autre hémisphère, et s'imagineraient qu'arrivés là, il ne s'agit plus que de lui ouvrir les bras ou de l'attendre dans son lit. Fils d'un homme célèbre parmi ceux qui figurent dans l'histoire de la révolution, on le verra près d'expirer de misère, de faim et de fatigue, à quelques pas du jeune Marmontel, fils d'un autre homme également distingué parmi les écrivains français : la relation de ses souffrances, le récit d'un voyage rempli de tant de mécomptes, depuis le jour où on l'entreprit jusqu'à celui qui le termina, exciteront sans doute l'intérêt pour l'auteur, et feront pardonner les négligences et l'abandon du style de l'écrivain.

Il est question dans le cours de cet ouvrage de l'intérêt que M. Brissot avait inspiré au général Lafayette. Nous publions ici quelques lettres qui sont un témoignage de cette assertion, et qui prouveront en même temps l'élévation d'esprit et la générosité de cœur de l'illustre citoyen qui les écrivit.

Lagrange, 7 juillet 1827.

J'ai reçu, Monsieur, avec beaucoup d'intérêt et de reconnaissance, la lettre que vous avez bien voulu m'écrire. J'ai espéré chercher avec vous à Paris les moyens de vous être utile ; mon séjour a été si court, l'obligation de revenir pour le mariage d'une de mes petites-filles a été si pressante, que je suis réduit à vous écrire en ajournant mon rendez-vous ; mais peut-être votre situation ne permet-elle pas les ajournements tant pour votre conversation que pour les démarches que je pourrais faire. Si vous aviez des détails à me donner verbalement, vous me trouveriez à Lagrange où j'aurais beaucoup de plaisir à recevoir de nouveaux témoignages des sentiments que vous m'exprimez. Je ne m'étonne pas que monsieur votre père ait laissé ses enfants sans fortune ; son désintéressement pécuniaire est une des qualités que, dans tous les temps, je me suis fait un devoir et un plaisir de lui reconnaître. Je ne sais rien sur vos terres, dans l'état des Illinois, mais si vous avez besoin que j'écrive dans le pays, soit pour des informations, soit pour des recommandations, je serai très-empressé de vous donner les lettres. Vous me parlez d'un ami, M. Jacquemont, auquel je suis bien attaché. Lorsque j'aurai l'avantage de vous voir, nous causerons sur vos idées éventuelles d'un voyage aux États-Unis. Il ne serait pas dans les formes du congrès de faire une concession de terres qui n'aurait pas de rapports avec des services directs et locaux ; mais il y aurait moyen de vous procurer de bons conseils et de faciliter vos vues. Donnez-moi, je vous prie, de vos nouvelles, et recevez, etc.

LAFAYETTE.

P. S. Permettez-moi de vous faire observer que vous me donnez un titre dont j'ai été exempté le 17 juin 1790 et que je n'ai eu garde de reprendre.

Lagrange, 31 décembre 1827.

J'allais vous écrire, Monsieur, lorsque j'ai reçu votre lettre, car c'est bien moi qui ai des excuses à vous faire d'avoir si longtemps gardé le paquet. Je n'ai été qu'en passant à Paris ; c'est du 15 au 20 janvier que je m'y établirai pour le temps de la session. Nous pourrons alors causer de vos affaires, et je vous dirai d'avance que je vois avec grand plaisir votre résolution d'essayer encore de la fortune avant de vous expatrier. Croyez que je serai heureux d'y contribuer. Mes moyens sont plus bornés qu'ils n'en ont l'air : je ne dis pas seulement mes moyens pécuniaires, mais ceux de crédit auprès des personnes qui sont vraiment à portée d'aider les entreprises industrielles. Je ne renonce pourtant pas à les essayer, et il me semble que votre nom, votre situation et votre énergie, vous donneront des chances particulières, etc. Agréez, je vous prie, mes vœux et mon sincère attachement.

LAFAYETTE.

Paris, 25 avril 1830.

Je ne connais personne à la Vera-Cruz, encore moins à la Havane, et comme le voyage de M. Brissot aux États-Unis est une prévoyance assez improbable, je ne joins ici qu'une lettre pour mon ami M. Duponceau, président de la Société philanthropique de Philadelphie. Il est un des premiers jurisconsultes des États-Unis où il jouit d'une grande considération. Personne ne serait plus à portée que lui de donner à M. Brissot de bons conseils et de lui procurer des connaissances.

Recevez, etc.   LAFAYETTE.

6 septembre 1832.

J'ai reçu, Monsieur, les deux derniers volumes des Mémoires de votre père, et j'aurais été fâché que vous y fissiez le moindre changement; cette condition de notre connaissance a été remplie, et bien loin de m'en plaindre, je vous remercie de lui avoir été fidèle. J'ai aussi à vous remercier de ce que vous avez dit à cet égard dans une note. Si votre père avait fait lui-même l'édition de ses Mémoires, j'ai lieu de croire qu'à cette distance des temps il m'aurait mieux traité. — Le président Boyer a grande raison de vous témoigner de l'intérêt, votre père en ayant montré beaucoup pour les hommes de couleur de Saint-Domingue. Mais vous sentez que, dans ce moment, je ne suis pas à portée d'influencer les choix du gouvernement.

Madame Adélaïde qui peut se rappeler les anciens rapports de votre père avec sa famille et madame de Genlis, sera, j'espère, disposée à vous être utile.

Agréez, etc.   LAFAYETTE.

VOYAGE

AU GUAZACOALCOS, AUX ANTILLES

ET

AUX ÉTATS-UNIS.

CHAPITRE Ier.

Adieux à ma patrie. — Le banquet. — Les six mille lieues et la bourse vide.—L'Espagnole et le moine.—La Manche en colère.—Hommes aux fers. — Révolte à bord. — Marsouins. — Les étoiles dans la mer. — Les tortues en pleine mer. — La cuisine incendiée. — Le délire et l'étudiant en droit. — Les poissons volants. — Le livre vert.

La troisième expédition pour la colonie du Guazacoalcos devait partir en septembre 1831, à cause de la saison des pluies et de la fièvre jaune qui règnent avant cette époque : l'abbé Baradère et M. Laisné de Villevêque pensaient qu'il n'était nullement prudent de s'embarquer plus tôt. Je ne sais ce qui fit changer tout à coup ces messieurs de résolution, mais il fut décidé que le départ aurait lieu en mai.

La plupart des colons ne se doutant pas du danger ou se plaisant à l'affronter, et n'aspirant qu'à quitter leur patrie, furent charmés de la résolution; moi-même, avec le nom que je portais, n'espérant rien du gouvernement, je me félicitais de pouvoir envisager un avenir moins sombre. Nous épuisâmes nos ressources pour nous monter en matériel, persuadés qu'en travaillant sur cette terre étrangère, elle, au moins, ne serait point ingrate, et nous procurerait un jour de l'aisance et peut-être de la fortune. Nous partions avec cette confiance que devait nous inspirer celui qui dirigeait la colonie naissante, un député de la France dont le fils était consul au Mexique; nous étions forts de cette idée, que Dieu n'abandonne jamais celui qui se condamne avec courage à l'exil pour aller conquérir, dans un monde éloigné, une position sociale que sa patrie lui refuse.

A notre licenciement sur la Loire, lorsqu'il nous fallut quitter notre drapeau tricolore et nos aigles couvertes de la poussière du Cosaque, je me retirai en Bourgogne pour y faire valoir des terres. J'avais suivi, au Jardin des Plantes, un cours d'agriculture, sous l'honorable

M. Thouin, avec mon ami d'enfance Victor Jacquemont, qui est mort si jeune aux Indes, et je
joignais à la théorie neuf années de pratique
agricole; je pouvais donc espérer tirer quelque
parti de mon émigration[1].

J'avais beaucoup réfléchi à ce voyage avant
de l'entreprendre; il m'était bien douloureux de
me séparer de ma femme et de mes enfants, surtout à l'idée pénible du peu de ressources que je
leur laissais! Mais ma position l'exigeait. Vingt
fois le soir, de sombres pressentiments me fai-

[1]. Chaque sociétaire avait des pacotilles plus ou moins considérables
pour opérer des échanges et des ventes. Nous avions des vivres pour six
mois, en biscuit de mer et en salaisons, de la poudre, du plomb, du fer,
des instruments de pêche, de chasse, des fusils, des lignes, des tentes, des
filets, des moustiquaires, des selles, des colliers de chevaux, des ustensiles
de cuisine, et une infinité d'outils aratoires. Notre société se trouvait seule
nantie d'un canot que nous avions acheté au Havre; le capitaine n'ayant
voulu embarquer que le nôtre. Nous avions de plus un moulin à farine
des arts et métiers, avec lequel nous eûmes de très-belle farine de maïs,
et un alambic que j'accompagnai d'un ouvrage sur la distillation. Mais
qu'est-ce que la théorie sans pratique? Lorsque je commençai à cultiver
mes terres de Bourgogne, j'avais l'esprit farci du cours de Rozier, de celui
de M. Thouin, et cependant je me trouvai bien neuf lorsqu'il fallut
agir; la culture du Nouveau Monde exige aussi une étude particulière.
Lorsque je débarquai au Guazacoalcos, les autorités du pays considérant
mon alambic, dirent entre elles : « Voilà le seul Français qui réussira. »

Nous avions des graines de France; le directeur du Jardin des Plantes
me fournit les miennes, sous la condition que je lui en enverrais du Mexique.

A défaut de médecin j'emportai une petite pharmacie : c'était une
précaution sage, et elle me fut d'un grand secours. J'avais pris une or-
donnance d'un jeune médecin de mes amis en cas d'attaque de vomito-
négro : la prudence est la mère de sûreté.

saient renoncer à mon voyage, mais le jour ranimait mon âme indécise; je brûlais alors de monter à bord, d'abattre ces arbres gigantesques du Mexique, de défier le caïman, les tigres, la fièvre jaune, et de poser le pied sur ces plages lointaines qu'avait foulées l'intrépide Fernand Cortez. J'avais calculé tous les dangers que nous allions courir : une traversée de deux mille cinq cents lieues, un fleuve peu connu, bordé de forêts vierges, des animaux et des reptiles dangereux, un climat peut-être mortel; je m'étais même quelquefois représenté dans un désert; mon imagination, qui, dès mes premières années, m'avait fait, comme mon père, dévorer la lecture de *Robinson Crusoé*, me plaçait tout à coup au milieu d'une tempête, me sauvant, à l'aide d'une cage à poules, sur un rivage inhabité. Mais alors, comme lorsque je lisais cet ouvrage, je frémissais en songeant que je serais seul à deux mille lieues de la patrie... Lorsque je vois tous les déchirements auxquels les nations sont sans cesse en proie, le peu d'union et de franchise qui règnent dans la société, j'irais souvent de grand cœur habiter, avec les miens, une île déserte, pour être là seul avec la nature, dont le tableau calme l'âme si souvent agitée dans nos villes par les passions, filles de la civilisation.

On s'occupa de l'affrétement d'un navire ; plusieurs voyages furent faits au Havre ; enfin le brick la *Diane*, de deux cents tonneaux, capitaine Maugendre, fut arrêté, moyennant huit mille huit cents francs ; une somme plus forte fut employée à l'insu de presque tous les concessionnaires, par un négociant du Havre, pour l'approvisionnement de l'expédition. Si le capitaine eût été chargé de notre subsistance, on eût évité le gaspillage à terre, des troubles à bord, et nous eussions été mieux nourris ; la chambre n'eût point été continuellement en discussion avec les passagers et les ouvriers de l'entrepont ; l'autorité du capitaine eût été pleinement reconnue.

Un président et quatre commissaires dûrent maintenir l'ordre et faire les distributions ; ces places étaient fort désagréables, car il est difficile de contenter tout le monde. Les colons étaient au nombre de quatre-vingts, parmi lesquels se trouvaient des femmes, des filles et des enfants ; il y avait cinq à six concessionnaires : nommé commissaire, je fus exposé fréquemment aux odeurs infectes qui règnent dans la cambuse, et astreint à un service pénible.

Je partis de Paris le 21 mai 1830, à six heures du soir. Se séparer, lorsqu'on ne l'a jamais été, de tout ce qui doit attacher à la vie, et pour un

temps indéfini, quels douloureux adieux ! Ils
furent affreux. Ah ! que la sensibilité est un don
du ciel funeste à l'humanité ! l'âme qui naît avec
elle éprouve rarement de repos. Mon beau-père
et ma jeune belle - sœur vinrent seuls m'accompagner ; je trouvai dans la cour des Messageries
deux camarades d'armes d'Italie et d'Espagne,
qui s'étonnaient de me voir entreprendre un
voyage aussi long et qui offrait tant de chances
funestes.

Des vents contraires nous retinrent au Havre
douze jours. Malgré la saison, la température
était variable et froide ; nous eûmes pendant
notre séjour le spectacle d'une tempête, un bâtiment fut mis à la côte. Pour mieux jouir de
cette belle horreur, nous fûmes sur la jetée : des
montagnes blanchâtres venaient se briser sur la
plage ou contre les rochers avec fracas ; nous
fûmes obligés de nous tenir au pavillon de la
vigie qui donne les signaux d'entrée dans le
port, afin de ne pas être enlevés par le vent qui
menaçait de tout entraîner. Ce spectacle imposant devait nous livrer à bien des réflexions en
songeant à notre longue traversée ; mais en allant avec le capitaine pêcher des huîtres dans le
bassin de Cancale, sabler le chablis, la tempête
était oubliée et l'on maudissait alors les vents
contraires qui empêchaient de sortir : tant les

impressions s'effacent facilement du cœur de l'homme!

A notre table d'hôte se trouvaient des employés de la ville et des capitaines au long cours. On vint une fois à parler de la Vera-Cruz, et l'on cita six passagers dont un seulement avait échappé à l'air pestilentiel de la ville. Nous nous regardions en silence avec un rire sardonique, nous disant : avis aux amateurs ! Et nous allions cependant partir.

En voyant les jours ainsi s'écouler, bien des fois j'eus envie de reprendre la route de Paris. Je passais mon temps à me promener ou à écrire; les lettres de ma femme, sur lesquelles les traces de ses larmes étaient empreintes, portaient l'irrésolution dans mon cœur.

Je contemplais avec curiosité le spectacle d'un port de mer, le mouvement perpétuel des arrivants et des partants ; j'écoutais avec mélancolie le chant des matelots qui embarquaient ou débarquaient leurs marchandises toujours en mesure; il avait quelque chose de triste et d'analogue à l'élément sur lequel ils vivaient. Les tavernes étaient toujours remplies de marins, et les orgies se succédaient une partie du jour et de la nuit. Dans ces lieux, le matelot consomme en peu de temps ses doublons et ses piastres du Nouveau Monde; à le voir ainsi prodiguer son argent, on dirait qu'il se croit millionnaire et qu'il n'en doit pas trouver la fin. Heureuse celle dont il fait un choix momentané ! bien plus heureux le tavernier qui change son eau-de-vie et son rhum en quadruples !

Le marin ne tient pas plus à son or qu'à sa vie, et comme il sait que chaque traversée peut lui en trancher le cours, une fois à terre il s'empresse de jouir à sa manière et d'oublier les privations du bord. Soumis en mer, ils sont disposés à méconnaître toute autorité une fois à terre : le tabac et les liqueurs fortes contribuent à cette insubordination ; des rixes fréquentes en résultent entre les matelots des différents pays, avec les taverniers et souvent avec la force armée.

Avant de mettre à la voile nous voulûmes donner un repas en l'honneur de la nouvelle colonie. On convia quelques habitants de la ville ; des toasts se portèrent ; le mien fut : « A la « persévérance et à l'union ! sans elles il n'est « point de colonisation possible. » Le repas se termina par des chants patriotiques.

Je visitai le *François Ier*, navire américain ; toutes les commodités de la vie s'y trouvaient réunies ; le luxe de la chambre eût donné l'envie de voyager sur l'Océan. Notre trois-mâts faisait un triste parallèle avec ce beau paquebot de New-York.

Je passai devant la maison de Bernardin de Saint-Pierre, qui avait été l'ami de mon père. La simplicité de l'épitaphe peignait bien l'homme; sur un marbre on lisait :

BERNARDIN DE SAINT-PIERRE EN 1737.

Enfin, nous levâmes l'ancre le 2 juin, à six heures du soir. J'avais serré précieusement un napoléon dans mon portefeuille, comptant sur lui pour toute ressource dans le Nouveau Monde, lorsque des réclamations de l'aubergiste du banquet m'obligèrent au change. Je m'embarquai avec trois francs quarante-cinq centimes (ces neuf sous sont revenus couverts de vert-de-gris du Mexique). Quelle somme pour faire un voyage de deux mille cinq cents lieues !

Et comment pouvai-je conserver l'espoir du retour ? mais il est si triste de demander même aux siens, que j'aimai mieux me reposer sur la Providence. Mes divers achats pour notre expédition, ce que je laissai à ma femme épuisèrent mes faibles ressources. Qu'il me soit cependant permis d'exprimer ici ma reconnaissance aux personnes marquantes qui m'aidèrent dans mon émigration. Le duc d'Orléans, madame Adélaïde daignèrent contribuer à me faciliter mon établissement en Amérique, et payèrent en outre ma concession de terres ; le général

Lafayette qui avait eu tant de bontés pour moi me donna de sages conseils et m'ouvrit sa bourse, MM. Français de Nantes, J. Laffitte, de Corcelles et plusieurs autres députés s'intéressèrent au fils d'un homme qu'ils avaient connu ou dont ils honoraient la mémoire.

Contrarié par des vents debout et par un gros temps, notre passage dans la Manche s'effectua lentement.

J'étais commissaire de service; chacun eut le mal de mer, j'en fus exempt. J'étais sous-officier de dragons lorsque je mis, pour la première fois en 1809, le pied sur la Méditérannée, sur une embarcation marchande, de la Spezzia, pour aller à Gênes. Notre patron qui voulut partir, malgré les pronostics du mauvais temps, fut assailli par une tempête d'autant plus dangereuse que cette mer se trouve près des côtes. L'équipage qui se composait d'un passager, vieux loup de mer, et de soixante moines, fut en proie au mal de mer, et n'eut pas le temps de s'apercevoir du danger. Le voyageur fut surpris de me voir seul bien portant, et prêt à me jeter à la nage si le bâtiment sombrait; je lui répondis, en riant et en fumant mon cigare, que j'avais bien déjeuné avant de m'embarquer, et qu'il paraissait que c'était un préservatif infaillible.

Il me fallut distribuer force thé. Louvoyant

sans discontinuer, la mer était extrêmement houleuse, je commençai à mal augurer de notre voyage. La nuit, l'âme est disposée à des idées sombres ; le capitaine jurait en me disant : « Il « faut qu'il y en ait qui n'ayent pas payé au Ha- « vre, pour avoir un temps semblable. »

J'admirais le calme avec lequel les marins exécutaient leurs manœuvres ; l'habitude de la mer les familiarise avec les tempêtes, leur existence est confiée au hasard, heureux ceux qui sont nés sous une bonne étoile. Un capitaine connaît aux nuages, au ciel, s'il doit augmenter ses voiles ou les diminuer, s'il aura beau temps ou s'il est menacé de quelques grains ; la prudence doit être sa boussole, car les dangers l'environnent sans cesse ; il doit être constamment sur ses gardes[1]. Il sait triompher des vents, rien ne l'arrête : sont-ils contraires, il tire des bordées et met à la cape ; il n'y a que les calmes contre lesquels il ne peut rien, il faut alors s'armer de patience. Ceci me rappelle l'anecdote d'un moine et d'une jeune dame espagnole. Son mari était en mer et sur le point d'arriver. Elle redoutait son retour, pour des raisons que l'on soupçonne facilement, et

---

1. La marine française marchande est la plus prudente de toutes ; j'ai voyagé avec des Anglais, des Mexicains et des Américains, qui, en général, n'amènent leurs voiles qu'à la dernière extrémité ; aussi compte-t-on bien plus de sinistres chez les autres nations que parmi la nôtre.

lui souhaitait vent debout. « Madame, dit la
« moine, nos intrépides marins savent triompher
« des vents et des tempêtes; demandez plutôt au
« ciel : calme plat, et votre mari n'arrivera ja-
« mais. »

Cette mer agitée avait effrayé beaucoup de colons, et plusieurs, s'ils eussent été à terre, n'auraient plus songé à s'embarquer. Je souriais en
voyant leurs visages inquiets et livides; les vagues qui venaient battre contre le flanc du navire le fatiguaient extrêmement, et le craque-
ment des pièces de bois produisait sur nous,
pendant la nuit, une impression triste, à l'idée
que quelques planches venant à se séparer, nous
serions engloutis dans un abîme profond.

J'eus beaucoup de peine à établir l'ordre et à
diviser par escouade nos gens peu habitués à la
discipline; j'eusse préféré commander une compagnie de hussards que dix de ces passagers : ces
ouvriers qui naguère se contentaient probablement de mauvais pain ne trouvaient à bord rien
de bon.

Les vents debouts continuent; nous passons
devant Cherbourg, Aurigny et les côtes d'Angleterre. Le 5 juin nous eûmes le premier calme;
il n'y a rien de si fatigant, et, pour mon
compte, je préfère une mer houleuse. Quel supplice de rester sans bouger de place, et d'enten-

dre le bruit désespérant des voiles qui viennent
battre contre les mâts. Ce sont les désagréments
attachés à la navigation; vous ferez souvent
dans un jour quatre-vingts lieues, et vous met-
trez d'autres fois un mois pour en faire autant.
Que de souhaits le marin et le navigateur ne for-
ment-ils pas alors pour avoir les vents favorables[1] !

Nous pêchons des maquereaux, des rougets;
plusieurs navires longent les côtes d'Angleterre.
Lorsque l'on contemple la voûte azurée qui se
reflète sur cette plaine d'eau bornée seule par
l'horizon, l'âme se perd dans l'infini. Combien
il a fallu de hardiesse et de courage aux premiers
navigateurs pour s'embarquer sur l'immensité
de ce gouffre, sans avoir d'autres guides que les
étoiles, et que de reconnaissance ne devons-nous
pas aux marins pour leurs découvertes précieuses! Que de calculs avant d'arriver à ces principes fixes qui ne permettent plus de s'écarter de
la route! Heureux celui qui voyage avec des officiers instruits, il peut dormir tranquille.

De jeunes enfants du bord me rappellent les
miens et mon cœur se serre. Assis sur l'arrière,
les vagues poussent notre navire, et je soupire
en songeant que chacune augmente la distance

---

1. Les matelots mexicains sifflent pour faire venir le vent; mais je me
suis fréquemment aperçu qu'il n'avait point d'oreilles.

qui me sépare de la patrie. Le 7 juin nous aperçûmes, dans la nuit, les phares du cap Lézard ;
le temps est très-gros, enfin le vent devint bon
et nous démanchons.

Le 8 une révolte à bord éclate au sujet d'hommes mis aux fers; des menaces de courir aux armes sont faites, nous sommes obligés de charger
les nôtres. Le capitaine jure de faire sauter la
cervelle au premier récalcitrant : un capitaine
à son bord est souverain absolu, il peut disposer de la vie des passagers et de celle de ses
matelots, au moindre indice de rébellion. A quels
dangers ne seraient-ils pas exposés sans cesse,
sur des plages lointaines et désertes, s'il n'existait pas des règlements aussi sévères ? Et cependant, malgré ces sages prévisions du législateur,
des révoltes à bord ne sont pas sans exemples;
il y aura toujours des têtes qui se mettront au-
dessus des lois.

Notre cuisine placée en plein vent était souvent bouleversée par les bourrasques; nos repas
s'en ressentaient; il fallait les disputer au roulis. Peu de jours suffirent pour briser tout le
matériel de table des passagers.

Une caisse remplie de tabac et embarquée pour
notre usage, devint introuvable ; les passagers
souffrirent beaucoup de cette privation, car personne n'achetait de cigares au capitaine, et sur-

tout moi avec l'état de ma caisse ; il fallut s'armer de philosophie, si un fumeur peut en prendre en compensation de tabac. Cette maudite boîte nous fit remuer la cale de fond en comble, mais infructueusement.

L'entrepont se livra à des murmures perpétuels. Si le capitaine nous eût nourri, un mot eût fermé la bouche à tout le monde : c'est la ration ; nos règlements n'aboutirent à rien, et pendant toute la traversée il exista des mutins et des mécontents.

La soirée se passait à faire de la musique, à danser. Les maris jaloux emmenaient coucher leurs femmes. On s'habitua peu à peu au roulis qui était extrêmement fort et très-fatigant. Le 10, une corvette anglaise allant aux Indes nous fit le salut, en s'accompagnant de la musique militaire ; nous le lui rendîmes : des nuages sombres qui se formaient souvent dans la soirée nous donnaient de bons grains.

On jette à bord un instrument appelé loch, c'est une longue corde à laquelle il y a des nœuds de portée en portée ; on renverse une horloge de sable, et suivant le nombre de nœuds qui sont filés pendant qu'il tombe, on apprécie ce qu'on fait de chemin ; à l'heure de midi on prend la hauteur du soleil ; le matelot placé au gouvernail a devant lui, nuit et jour, une boussole, afin qu'il puisse diriger le navire sur l'air de vent qui lui est indiqué. Le capitaine examine ensuite sa carte, et après des calculs, il reconnaît à quel degré de latitude et de longitude il se trouve.

Notre petit mousse avait treize ans, il était d'une agilité étonnante; tel temps qu'il fît il montait au grand hunier avec une vitesse extra-ordinaire. Nous ne pouvions sans inquiétude le voir balancer sur le cacatois qui ployait sous lui : l'habitude est une grande chose!

On jetait quelquefois le harpon sur des marsouins qui se trouvent dans ces parages. Nous étions à la hauteur des côtes du Portugal ; nous éprouvâmes un sentiment pénible en songeant aux horreurs qui s'y commettaient.

Il y avait à bord une infinité de passagers peu propres à coloniser ; on ne comptait pas dans l'expédition quatre agriculteurs instruits. Des menuisiers, des cordonniers, des scieurs de long, des charpentiers devaient être utiles ; mais que pouvaient faire, dans une colonie en herbe, de jeunes étudiants, des bijoutiers, des instituteurs, des fashionables qui affectaient des airs d'opulence? Bon nombre de Provençaux buvaient, mangeaient, fumaient à l'envi et faisaient résonner leurs jurements méridionaux, en attendant les moustiques et la fièvre jaune; mais ils avaient, sur la plupart des colons, un avantage immense, celui de parler et de comprendre l'espagnol.

La mer et les viandes salées nous firent pousser beaucoup de boutons; pour tuer l'ennui je faisais du filet. La nuit, les vagues partagées par la proue du navire semblaient couvrir la mer d'étoiles argentées; nous distinguions alors le dos des marsouins qui traversaient ces traînées phosphoriques, en plongeant sur l'avant du navire.

Nous vîmes, le 13, des mouettes, de gros oiseaux de mer, de petits oiseaux à pattes palmier ressemblant aux chauves-souris, et des souffleurs.

Les chaleurs commençaient à se faire sentir, nous eûmes un malade à bord, et nous vîmes la faute que nous avions faite, de ne pas embarquer un chirurgien-médecin.

Nous couchions deux dans une cabine. Mon associé reposait le long de la carène, son sommeil était agité; je l'avais baptisé Vera-Cruz, parce qu'il avait été dans ce pays. Une nuit, se réveillant en sursaut, il donna de la tête contre le flanc du navire en s'écriant: « Diable! les vents « sont changés. » Je ris de bon cœur de son exclamation.

La mer était couleur d'indigo; elle est verte dans certains parages et proche de terre. La viande et le pain frais vinrent à manquer. Nous paraissons constamment dans un fond, je ne sais à quoi attribuer cet effet de perspective.

Nous passons devant le détroit de Gibraltar; l'armée française est en vue d'Alger; nous laissons les Açores et Terceire sur notre droite.

Dans la nuit du 14 au 15, un fort roulis, avec un vent sud-est; un calme succède. Nous voyons de grosses tortues flottant en pleine mer. La cuisine s'incendie, mais on parvient promptement à éteindre les flammes; une des choses les plus effrayantes à bord, c'est le feu, surtout en voyant le peu de précautions que l'on prend pour l'éviter. Les fumeurs, par les grands vents, peuvent facilement occasionner un sinistre. Nous avions beaucoup de barils de poudre épars çà et là dans la cale, et cette substance inflammable n'était pas rassurante; cependant on ordonne en général de fumer sous le vent. Nos provisions de citrons deviennent inutiles, ils se gâtent tous.

Les chaleurs continuaient à être assez fortes. Assis la nuit sur le pont éclairé par le feu de mon cigare, je me livrais aux diverses impressions produites par le spectacle d'un ciel étoilé, qui se reflétait dans l'Océan. Le sifflement du vent qui agitait les cordages, la vue de nos voiles enflées, le bruit régulier de la proue qui fendait la vague, portaient mon âme à la mélancolie; mais en songeant à l'éternité, je reprenais courage, me reposant sur la Providence.

Nous aperçûmes de gros oiseaux blancs ; nous étions dans les parages où l'on pêche le thon, malgré nos lignes et nos amorces nous n'en pûmes prendre aucun. Nous offrîmes un modeste dîner au capitaine qui, peu amateur de notre vin marseillais, fit monter force bouteilles de bordeaux. La gaîté présida ce repas, et le capitaine entonna la chanson du vaillant Ogier.

Nous avions à bord un mari jaloux, gastronome et bourru ; il nous donna plusieurs scènes conjugales qui nous aidèrent à passer le temps. Dès huit heures du soir il demandait le fallot au mousse, et emmenait sa chère moitié se coucher, au regret de la société. La dame eût volontiers passé la soirée avec nous sur le pont ; mais un mari est maître absolu, et la femme, suivant notre Code, lui doit obéissance et soumission.

Nous sommes par le 35e degré de latitude sur 25 de longitude. De nouvelles émeutes règnent à bord, grâce aux têtes du Midi. Les chaleurs augmentent. Nous apercevons des poissons volants par un vent de largue.

Un de mes associés a le délire ; un Provençal prononce son arrêt de mort, annonçant que c'est la fièvre jaune : le lendemain, il doit être la pâture des requins ; sa prédiction n'est point juste.

Nous persuadons à un jeune homme qui sert souvent de risée à l'équipage, et qui se donne le titre d'étudiant, qu'ayant couché constamment avec le passager en délire, il ne peut manquer d'avoir la fièvre jaune : l'inquiétude s'en empare; il sort ses effets de sa cabine, en jette plusieurs à la mer et se lave avec du vinaigre. Pour compléter cette scène comique, on l'enlève sur le roufle à l'aide d'un cordage.

J'avais eu la précaution de me procurer une hygiène pour les pays chauds et la fièvre jaune; la couverture en était verte, aussi l'appellait-on le livre vert, et plus d'un passager, en me le voyant à la main, s'éloignait de moi, n'aimant pas à entendre parler d'une maladie qui devait en moissonner la plus grande partie.

CHAPITRE II.

Par une de ces belles nuits qui sentent l'approche de la ligne, nous fumions le cigare de la Havane, mon capitaine et moi, les coudes appuyés sur le bastingage. La conversation vint à rouler sur le Mississipi et la Nouvelle-Orléans où il avait été plusieurs fois : le fleuve est assez dangereux par la multitude d'arbres qui se trouvent entraînés par la crue des eaux ; le général Lafayette, lors de son dernier voyage en Amérique, pensa ainsi périr dans un Sitbot.

Une infinité de crocodiles naviguent sur des branches, et il faut une certaine habitude pour les distinguer, leur couleur étant peu différente de celle du bois. La Nouvelle-Orléans est une ville riche, mais peu salubre; avec de l'industrie et surtout un état, de l'activité, de l'intelligence et les premières mille gourdes, on est assuré d'un bel avenir. Beaucoup de Français y ont commencé avec rien et sont parvenus à acquérir de la fortune. La fièvre jaune y cause de grands ravages; vous n'êtes pas, comme dans les autres pays, exempt de sa nouvelle influence, dix années ne vous acclimatent pas plus que le premier jour.

L'entrepont offre un punch au capitaine et aux commissaires; la nuit est sombre, mais le tangage régulier; on le sert sur la chaloupe placée près du grand mât. La flamme rougeâtre et blanche qui pétille éclaire le pont et dispose les esprits à la gaîté. J'apporte les chansons de Béranger, nous attachons une aigle et une cocarde tricolore au mât, en entonnant les chansons du poète populaire. Le ciel et la mer sont seuls témoins de cette réunion; nous n'avons rien à craindre.

Lorsque nous sommes sur pied tout repose à Paris; à six heures il est minuit en France, aux États-Unis il n'y a que cinq heures de différence.

Nous avons souvent des calmes et la chaleur est excessive. Nous sommes, le 19 juin, par le 31ᵉ degré de latitude et 37 de longitude. Nous apercevons sur la surface de l'eau des galères aux couleurs tendres et aux formes délicates..

Mon camarade de lit, M. Vera-Cruz, était un grand amateur d'échecs. Sa physionomie était à peindre, ses yeux ne quittaient point le jeu, sa tête renfoncée dans ses épaules, et ses coudes appuyés sur ses genoux. Quelque plaisant, re-doutant pour lui son trop d'attention, tirait son tabouret, et le joueur était culbuté. Il faut par-donner à l'ennui du bord ces mauvaises plai-santeries.

La chaleur était extrême, mais je ne couchais point sur le pont, les nuits étant très-fraîches; il est aussi dangereux de s'exposer aux rayons du soleil qu'à ceux de la lune, un de nos cama-rades en perdit la vue. Les vents sont contraires, nous virons de bord sur le sud-ouest. Nous voyons le pilote, avant-coureur du requin, ainsi qu'un oiseau appelé paillant queue.

Le 23 juin, un navire en vue file sud-est, et nous sud-ouest; notre brick ne faisant point d'eau, la cale exhale une odeur fétide. Nous avons de la pluie et 25 degrés de chaleur. Une nuit, je prenais un bain de mer, au clair de la lune, dans une barrique défoncée, lorsque tout à coup, le timonier s'étant endormi, et gouvernant mal, un gros roulis bouleversa tout ; je me hâtai de sortir de mon tonneau. Nous avions vent arrière et nous reprîmes notre route ouest. Nous commençons à apercevoir sur la mer les grappes de raisin du bonhomme Tropique, ce qui nous annonce que nous n'en sommes pas loin ; les chaleurs augmentent, le sang se porte à nos yeux et nos corps sont couverts de boutons.

Nous voyons des poissons volants, des tortues, l'oiseau appelé frégate. Encore une révolte à bord : l'un des commissaires est sur le point d'être jeté à la mer.

Le 27 juin, le bonhomme Tropique, sur les six heures du soir, crie du hunier du mât de misaine, avec un porte-voix : « Haut du navire ! « haut ! ». Le capitaine répond : « Holà ! » — Le Tropique : « Le nom du navire ? — La *Diane.* « — Où allez-vous ? — Au Mexique. — De quoi « êtes-vous chargé ? — De colons. »

Le postillon descend et monte l'âne[1] d'un meunier qui le suit : on jette des dragées, des haricots du hunier, ainsi que de l'eau. Chacun cherche à se mettre à couvert ; le postillon vient prendre l'heure du baptême, qui est remis au lendemain matin ; le meunier demande son ar-

---

1. C'est un matelot qui sert de monture.

gent au postillon, et barbouille tout le monde de farine.

Le 28, la brise nous force d'amener des voiles pour effectuer la cérémonie du Tropique, que nous célébrons au son de la musique. Le bonhomme Tropique arrive avec Neptune : les matelots ont cherché à imiter ce personnage ; le général et ses gendarmes sont représentés par les passagers qui ont déjà passés sous la ligne ; le second remplit le rôle du curé, une chemise blanche lui sert de surplis.

Le curé fait jurer aux hommes de ne pas convoiter la femme des matelots. Si l'on veut ménager ou tourmenter le patient, le général dit : « Savon doux ou savon gras. » On rase le néophite sous la tente du pont, on lui goudronne la figure, il se met à genoux, on le confesse, on lui administre une immersion sur la tête, il avale quantité de sel, il fait alors son offrande, on l'assied ensuite sur une planche garnie d'une couverture qui masque un baquet rempli d'eau, on la tire, on enfonce le patient à plusieurs reprises, et il se sauve inondé depuis les pieds jusqu'à la tête.

La cérémonie se termine par un combat à outrance avec des seaux d'eau ; chacun cherche à se venger, personne n'est épargné.

On sable ensuite les vins et les liqueurs pour

se réchauffer; le capitaine dîne avec nous, et la journée se termine par un bal, si l'on peut donner ce nom à une danse à bord.

Notre navire était assez bon voilier, nous filions huit et neuf nœuds. La mer devint houleuse. Nous nous trouvions à quatre cents lieues de Saint-Domingue par le 51e degré de longitude sur 22 de latitude. Nous n'étions pas heureux à la pêche, nous n'avions point encore mangé de poisson frais. Notre eau est détestable par suite du mauvais choix des tonneaux; il est terrible de souffrir de la soif au milieu d'une si grande étendue d'eau.

Le 6 juillet, nous avons en vue deux navires auxquels nous ne pouvons faire passer des lettres. Nous voyons des troupes de canards; vers une heure du matin, nous attrapons sur les vergues un oiseau appelé fou..

Le président de l'expédition voulant prendre connaissance de l'état de la cambuse, les commissaires l'y conduisent; il déguste si souvent qu'il peut à peine regagner sa cabine, ne demandant que force verres d'eau sucrée. Je perds ce jour-là mon jeune barbet appelé Mexico : un gros chien lui perce le crâne avec ses dents ; sa perte m'est sensible et d'un mauvais augure.

Le 9, nous découvrons les côtes de Saint-Domingue; à cinq heures du matin nous sommes en face du vieux cap français, avec 30 degrés de chaleur.

Le 10, nous voyons des souffleurs, nous passons devant le cap Lagrange, laissant à tribord l'île de la Tortue. La vue des bois et des rochers retrempe notre courage. Une petite tartane longe les côtes. La nuit, nous sommes agréablement embaumés par des odeurs aromatiques provenant des forêts d'orangers et de citronniers ; le matin, un navire est en vue.

Le 11, calme; à quatre heures du matin nous sommes entre la pointe de Saint-Domingue et l'île de Cuba. Nous apercevons les côtes des deux bords et des montagnes sans nombre[1]; pendant plus d'un jour nous avons le spectacle imposant d'une

---

1. Cuba fut découverte en 1492 par Colomb; plus tard, elle fut conquise par Velasquez. La ville de la Havane a été incendiée par un corsaire français.

Le mont Potrillo qui s'élève à 7000 pieds, la Sierra-de-Gloria, le mont Saint-Jean-de-Latran qui domine la Sierra-Maestra, sont des montagnes granitiques qui fournissent plusieurs petites rivières. Sur le versant de ces montagnes croissent les bois de teinture et de construction, l'acajou, le cèdre, l'ébène, l'acano. Au bout d'un demi-siècle les races indiennes n'existaient plus.

En 1523 l'Espagne autorisa l'introduction des nègres.

Beaucoup d'émigrés du continent espagnol et des Antilles s'y sont établis.

En 1580 la culture du tabac et du sucre y fut créée; maintenant c'est la principale richesse de cette colonie.

Tandis que les autres sont onéreuses à la métropole, Cuba subvient à tous ses frais administratifs et peut encore donner quinze millions à la mère patrie. En songeant au Nouveau Monde, et principalement aux Antilles.

chaîne de montagnes élevées, aux formes âpres et nues et aux figures béantes; nous laissons à tribord le cap Cruz, à babord la Jamaïque, que nous n'apercevons point. Nous longeons le petit Caïman, espèce de rocher qui a la forme d'un crocodile. Chaque soir le ciel est en feu, les éclairs sillonnent la nue, mais ils sont rarement suivis d'orages. Nous avons cependant du tonnerre et de la pluie; les nuages présentent un spectacle magique au coucher du soleil, ils sont d'un rouge carmin, et le ciel offre une infinité de figures grotesques et variées. Nous avons 32 degrés de chaleur. Cuba est bordé d'une infinité de récifs; nous passons le golfe de Xagua.

où l'on récolte des tabacs si exquis, on se demande pourquoi en France il s'en fume de si mauvais et de si cher.

Le mode de culture, de fabrication et d'importation doit être l'objet d'un sévère examen, de la part du législateur, afin d'apporter les modifications convenables.

A la Havane, les édifices sont moins beaux que ceux de la Nouvelle-Espagne.

Les dames se font voir aux fenêtres de leur rez-de-chaussée, et le soir, dans d'élégantes voitures à un cheval, avec un nègre à livrée.

La maison de l'évêque se recommande par un site charmant; pour y arriver il faut traverser une allée d'arbres à choux, de cocotiers, de dattiers et de bosquets de bambous.

Cette ville possède tous les fruits du Mexique; le poisson y abonde, et l'on mange souvent du dauphin et des coquillages variés.

Les cendres de Colomb et de Cortez y ont été apportées après plus de trois siècles. On ne saurait que penser d'un gouvernement qui renoncerait à une aussi belle possession coloniale.

Dans la nuit du 15 au 16, un orage accompagné d'éclairs et de tonnerre nous pousse rapidement. L'odeur suave des citronniers et du bois de campêche se fait sentir à huit lieues des côtes. Le 17, pluie forte, deux navires en vue. Nous approchons du cap Saint-Antoine que nous passons de nuit ; les courants nous entraînent rapidement, et nous touchons légèrement, à deux reprises différentes, à des récifs, mais fort heureusement par côté.

Un rustre de mari, scieur de long, jaloux et sourd, s'avise de croire sa femme infidèle ; il fait vacarme, on a toutes les peines du monde à le calmer ; il n'est pas facile de faire entendre raison à un sourd.

Un jeune homme passait son temps à faire des filets, laissant une entière liberté à sa femme qui en profitait à merveille ; nous apprîmes à Minatitlan qu'elle n'était pas mariée. Son amant étant à l'article de la mort, elle le planta là et s'en fut avec un autre : la légitimité n'était pas à l'ordre du jour parmi nous, l'hymen se trouvait responsable de bien des mariages sous la cheminée.

CHAPITRE III.

Le 18, forte pluie accompagnée d'orage et suivie d'un calme. On jette la sonde à six heures du matin, nous avons fond de sable et vingt-huit brasses, à seize lieues de Yucatan, en face Telchas, dans le golfe du Mexique : ce golfe a plus de deux cent cinquante lieues de diamètre ; il a deux issues, le détroit de Bahama et la pointe Yucatan ; il est très-dangereux dans la saison des vents du nord : à un calme plat, succède tout à coup une affreuse tempête, il est craint à juste titre des navigateurs. Que de vaisseaux s'y sont perdus! que de richesses y sont enfouies! Une flotte espagnole chargée de lingots d'or, périt entièrement à la pointe d'Hispaniola [1]. Dans ce siècle de perfectionnement, de découvertes, et de brevets d'invention pour les bateaux sous-marins, pourquoi n'entreprend-on pas un voyage au fond de la mer pour y découvrir les choses précieuses qu'elle renferme ? Il serait prudent de bien s'armer et d'aller en nombre, car, parmi les habitants de l'onde, il en est de redoutables, et l'on pourrait avoir pour dernière demeure l'estomac d'un requin ou d'une baleine.

Ce golfe est rempli de courants; il faut apporter une grande attention pour n'être pas entraîné loin de sa route. Nous étions à cent vingt lieues du Guazacoalcos, il nous tardait d'y arriver. Là, nos espérances allaient se trouver réalisées ou déçues ; cet état d'incertitude était terrible. On sortit de la cale les câbles et les chaînes des ancres, signe de notre prochaine arrivée. Le golfe

1. L'ex-gouverneur de San-Domingo, Bovadilla, et d'autres officiers espagnols, périrent dans les flots. Vingt-un navires chargés d'or furent engloutis corps et biens par l'ouragan; les onze voiles les plus faibles se sauvèrent, entre autres celle qui portait les débris de la fortune de Colomb. Juste punition du ciel envers ses persécuteurs !

Le fameux grain d'or qui avait été découvert sur la rivière de Hayna, et dont la circonférence permettait de manger un cochon dessus, fut également perdu. Il pesoit 3,600 écus d'or; la perte totale fut évaluée à dix millions.

est très-poissonneux, nous distinguions quantité de marsouins et de poissons volants.

Nous voguons ouest quart sud-ouest; nous avons plusieurs malades à bord, entre autres le maître qui eut presque toujours les fièvres. Nous prenons plusieurs dorades, et nous dirigeons vers la terre pour reconnaître la côte.

Un matelot ayant manqué au second, le capitaine en fait justice. Je n'ai point parlé du capitaine Maugendre; c'était un bel homme vif, bon et aimable, d'une conversation instructive, ayant beaucoup voyagé. Il était extrêmement prudent : le marin instruit l'est toujours; il n'y a que le caboteur qui, ne connaissant point le danger, se laisse pousser par les vents, s'en rapportant au hasard. Le capitaine était intéressé avec un négociant du Port-au-Prince, l'un de mes camarades d'enfance, Frédéric Jacquemont.

Nous voyons des goélands, des pélicans, et prenons plusieurs dorades, ainsi qu'un poisson rouge appelé longue écaille. Pendant un calme, nous nous amusons à pêcher des crabes. Dans la nuit du 20, la brise nous oblige de prendre plusieurs ris. Je ne puis me lasser d'admirer l'horizon et ses nuages pourpres aux couleurs variées; on ne voit pas en France de pareil ciel.

Nous n'avions point encore vu la terre dans

le golfe. Des troupes d'oiseaux, de papillons et de petits oiseaux, annoncent que nous ne sommes pas éloignés des côtes. Nous prenons un requin, et, malgré les préjugés, les quand dira-t-on, et notre président qui nous assure que sa chair est malsaine, j'en mange avec beaucoup de plaisir; c'est du poisson frais, et cela fait diversion à nos provisions salées dont nous sommes prodigieusement fatigués.

La prise d'un requin est une fête pour tout l'équipage, car malheur à celui qui tombe à la mer dans les parages qu'il fréquente. Ce poisson fait trembler le pont avec sa queue; ses coups sont terribles, les matelots l'environnent, mais ne l'approchent qu'avec précaution; ils lui assènent, avec une sorte de jouissance, des coups redoublés : le sang jaillit, il inonde le bord, on dirait que le monstre ne peut mourir.

Dans la nuit du 21 au 22, nous eûmes un grain qui fut suivi d'un calme plat pendant tout le jour. Nous voyons des frégates, des moustiques et des papillons. Les courants de diverses embouchures de rivières charriaient une infinité de plantes marines ou d'arbres, entraînés par les débordements des fleuves; nous nous estimions à trente-cinq lieues du Guazacoalcos.

Nous filions le 23 à cinq lieues de côtes boisées; le pic Saint-Martin s'offrit à nos regards[1]. Je cherchais à découvrir, plus à l'ouest, le pic d'Orizava, autre volcan qui est à soixante lieues et qui sert de phare aux navigateurs à quarante lieues en mer. J'aurais désiré longer la ville de Vera-Cruz, afin de découvrir ce riche entrepôt général du Mexique, devenu le cimetière de tant d'Européens, par suite de son vomito negro; j'aurais voulu l'apercevoir entouré d'une plaine de sable, découvrir ses remparts composés de madrépores démantelés, ses maisons croulantes où des boulets enchâssés attestent que ses habitants combattirent pour leur indépendance, et admirer ses dômes et ses clochers de briques bariolées au coucher du soleil, d'une couronne noire formée par les nettoyeurs de la ville, le chot Pilote[2].

1. Sa dernière éruption a eu lieu le 2 mars 1793. Ses cendres couvraient les toits d'Oaxaca, Vera-Cruz et Perote, éloignée de 57 lieues.

La vanille croît sur le penchant du pic Saint-Martin, près le Pueblo, qu'on nomme la Sierra, non loin de Tuxtla; les Indiens la cueillent avec mystère, et refusent d'indiquer les endroits.

Ceux d'Anahuac la multiplient en fixant des morceaux de la tige aux pieds des liquidambards, des ocoteas ou des pipers arborescents.

San-André est une petite ville très-salubre située sur son versant.

2. Cette ville fut fondée par Fernand Cortez en 1519. Son or lui fit donner le nom de Villa-Rica, et celui de Vera-Cruz, parce que les Espagnols y débarquèrent un Vendredi-Saint. Elle a quinze mille habitants.

A l'approche du vomito tous les gens aisés se retirent sur les terres hautes.

La ville a de jolis édifices, beaucoup d'églises, des rues droites et à trottoirs. Les maisons sont couronnées par des balcons et des terrasses.

Le capitaine, n'ayant pas encore fréquenté ces parages, fait mettre un canot à la mer pour reconnaître l'embouchure d'une rivière. Plu-

Son marché est fourni de viande, de poisson et de fruits de toute espèce.

Tout est en général fort cher, et l'on peut à peine se procurer du lait qu'il faut aller chercher à une grande distance par suite du défaut de végétation.

La tuile vient de Tlascoltapan; il y a beaucoup de fontaines, de citernes et de jolies places.

On ne boit que l'eau de la pluie qui se conserve dans les citernes.

Son commerce est en vins de Bordeaux, d'Espagne et de Portugal, huiles et indiennes. Le sucre et le café viennent des Antilles, cette culture étant négligée.

On exporte la cochenille, la vanille, la salsepareille, le jalap et l'argent monnayé, et l'on complète le chargement à Yucatan.

Son môle est rongé par les flots. Elle a au nord la mer, à l'orient et à l'occident le sable de la côte, au sud quelques arbustes qui poussent au pied des remparts; plus loin est la vallée marine, et la forêt qui se prolonge, sur des coteaux lointains que domine le pic d'Orizava.

De Vera-Cruz à Jalapa il faut porter les marchandises à dos de mulet, et se faire assurer contre les bandes de voleurs; mais de cette ville à Mexico on parcourt la route en voiture.

Les dames de distinction sortent peu, et ne vont qu'à l'église; elles sont en noir ou en blanc, avec un voile noir qui leur cache à moitié la figure.

Aux Fandangos il n'y a guère que les femmes de couleur, les hommes suivent les modes françaises.

A deux lieues il existe une maison de plaisance où chacun va se ruiner à l'envi, le jeu étant la passion dominante.

En face la ville est l'île des Sacrifices, appelée ainsi parce qu'on y sacrifiait des victimes, lors de l'arrivée de Fernand Cortez.

A la Vera-Cruz il y a une pièce de canon qui a été fondue sous Louis XIV.

El Serino est celui qui, à l'instar de l'Angleterre et des États-Unis, crie les heures la nuit.

sieurs passagers s'embarquent avec les matelots; ils reviennent à la brune et nous font des
récits qui nous paraissent exagérés. Un colon
de l'excursion attrape, par suite de l'étourderie
d'un de ses camarades, un coup de baïonnette
à la cuisse.

Nos explorateurs ont trouvé deux *cabanes* in-
habitées, servant d'asile probablement à des pêcheurs, du charbon fraîchement allumé, une
lampe et un crucifix artistement faits en os de
poissons. Un des passagers veut s'emparer du
crucifix, ses camarades l'en empêchent. A la
porte de ces cabanes, une pirogue cassée, et çà
et là quelques acajoux équarris, annoncent la
présence de l'homme.

Quelques-uns d'entre eux voulurent faire une
excursion dans la forêt, mais elle était impénétrable, et le plus hardi n'osa s'y frayer un passage. Sur la plage des crocodiles reposent au
soleil, des requins séjournent dans la rivière
qui fourmille de poissons de toute espèce, mais
les caïmans font rebrousser chemin à nos aven-
turiers qui trouvent sur le rivage, une persienne
verte provenant de quelque navire perdu, les
ossements d'un cadavre humain, et une quantité d'araignées monstreuses et de crabes. L'un
des passagers, voulant s'avancer sur la côte,
voit trois têtes de serpents qui sortent du tronc

d'un vieux arbre. Ils tirent quelques coups de fusil sûr des oiseaux d'un plumage varié; au bruit de leurs armes à feu, la forêt retentit de cris multipliés poussés par les hôtes habituels de ces solitudes imposantes.

La nuit menaçant de surprendre nos explorateurs, ils reviennent à bord, l'imagination un peu frappée et l'estomac creux. On présume que cette rivière est celle de Santa-Anna. Cette plage où l'on enfonce dans le sable jusqu'aux genoux paraît peu saine.

Le 24 juillet, nous avons toujours la terre en vue avec un calme plat. Le vin et l'eau-de-vie viennent à manquer; il est temps d'arriver, nos provisions tirent à leur fin, et nous ne voulons point toucher à celles que nous avons faites pour six mois. La brise venue, nous nous dirigeons sur une rivière que l'on juge être le Guazacoalcos. Le golfe est toujours rempli de courants qui charrient de l'écorce, des feuilles, des fruits et des bois déracinés. Nous avons 26 degrés et demi dans la chambre, et sur le pont 33.

Sur les quatre heures, le capitaine étant monté sur la hune du grand mât, découvre un navire échoué à la droite de l'embouchure d'une rivière : nous pensons que ce doit être le trois-mâts l'*Amérique* de la première expédition, qui s'est ensablé si malheureusement. Nous

avions appris à Paris, ce sinistre ; mais, en approchant, nous voyons, à gauche, un autre trois-
mâts également échoué, encore bien conservé et
presque entièrement hors de l'eau. Les brisants
viennent battre avec force contre les deux bâtiments; les mâts et les vergues dépouillés de leurs
voiles font l'effet de croix, et semblent inviter
le navigateur à s'éloigner de ces dangereux parages. Quelles tristes impressions ces carènes
abandonnées ne produisent-elles pas sur nos
âmes ! le premier navire est l'*Hercule* de la
deuxième expédition, et le second l'*Amérique* de
la première.

Quel début pour une colonie naissante ! ne
doit-il pas jeter le découragement dans tous les
esprits? peut-être le même le sort nous attend;
peut-être la *Diane* va-t-elle, dans peu, augmenter
le nombre de ces navires perdus. Le capitaine me
dit en riant, mais d'un rire peu naturel. « Allons
« nous serons les troisièmes. » L'envie avait déjà,
avant notre départ, cherché à nuire à notre colonie, en faisant courir le bruit que l'*Hercule* avait
péri corps et biens, au cap Saint-Antoine. Il se
trouvait cependant, comme on le voit, quelque
chose de vrai parmi ces nouvelles enfantées par
la malveillance. Un de mes amis s'était embarqué sur l'*Hercule,* il me tarde de le voir, ayant
moi-même pensé faire partie de cette expédition.

Je ne puis me lasser de contempler le rivage où mes malheureux compatriotes ont débarqué si tristement. Que sont-ils devenus ? le bruit des brisants qui battent les flancs des deux navires naufragés interrompt seul le silence qui règne sur cette plage ; l'approche de la nuit contribue encore à assombrir le tableau.

Quelques cases de palmier, une maison mal blanchie, une espèce de tourelle ou de fort appelé Terre-Neuve, se découvre sur une hauteur, à la gauche du fleuve ; sur le bord de la rivière, on aperçoit çà et là quelques habitations.

Le capitaine marche en sondant ; il fait jeter l'ancre à environ trois quarts de lieue. Nous sommes enfin arrivés au terme de notre voyage, mais la gaîté n'est point sur nos visages ; il nous tarde d'avoir des nouvelles des premiers colons, de connaître la situation de la colonie. Notre traversée avait été de cinquante-deux jours, celle de l'*Hercule* fut à peu près la même. Notre anxiété est difficile à peindre, nos pieds brûlent le plancher du pont, nos yeux dévorent la distance en mer qui nous sépare de la terre, nous voudrions tous y descendre à la fois ; cela se conçoit facilement, le Guazacoalcos est pour nous la terre promise, la terre d'avenir.

Nous touchons le sol du Nouveau Monde le jour fatal des ordonnances de juillet.

CHAPITRE IV.

Les mauvaises nouvelles. — Le débarquement. — Le bivouac et les cro-
codiles. — Orages nocturnes. — La douane et le commissaire. — Les
moustiques, les crabes, les ratador. — Quatorze colons repartent pour
Saint-Domingue. — Canots échoués et chavirés. — Hommes noyés. —
La *Diane* sur le Guazacoalcos. — Abondance de gibier et de poisson. —
La forêt vierge.

Le capitaine fit mettre un canot à la mer et se
rendit, avec plusieurs colons, chez le commandant de la barre. Ils rapportèrent des fruits et
d'excellents cigares; les Mexicains les avaient
parfaitement reçus. Je tirai à part mon associé :
« Quelle nouvelle? lui demandai-je avec anxiété.
— Aucunes de bonnes; l'associé de M. Laisné,
« M. Giordan, son mandataire et le gérant de la co-
« lonie, fait voile, en ce moment, pour la France;
« il n'y a pas un seul colon à la concession. »

Je restai attéré. M. Giordan parti ! Chargé de nous recevoir, il devait organiser la colonie et mettre chaque concessionnaire en possession ; il parlait de ses bons logements, de ses belles plantations ; il portait le pays aux nues et il venait de l'abandonner, s'embarrassant peu des malheureux Français qui, sur des lettres mensongères, s'étaient décidés à s'expatrier. Voilà donc toutes nos espérances déçues ; nous sommes à deux mille cinq cents lieues de notre patrie, après avoir sacrifié les ressources qui nous restaient pour effectuer ce voyage !

Il fallait s'armer de courage, voir froidement les choses, et c'est ce que je fis. On descendit, le lendemain, les passagers à terre ; je restai à bord pour présider au débarquement des vivres et du matériel. J'étais le seul qui eût un canot, on nous avait recommandé de ne pas séjourner à la barre, à cause de la fièvre jaune, et nous arrivions dans la saison la plus dangereuse pour les Européens. Je n'avais point eu de tente, ayant l'intention de remonter sur-le-champ le fleuve ; mais le débarquement dura fort long-temps, et la douane ne nous permit pas de passer outre. Je regrettai alors de ne pas avoir fait cette acquisition, obligé de coucher à la belle étoile et de recevoir un déluge d'eau.

Il y avait plusieurs individus sur la *Diane,*

avec lesquels il n'eût point été prudent de se trouver seul au milieu des forêts du Mexique. En nous rappelant les menaces faites par l'entre-pont, pendant la traversée, nous nous attendions à une rixe sérieuse au débarquement; il n'en fut rien, les plus mutins devinrent les plus doux. Chaque sociétaire apporta la plus grande soumission dans le partage que je fis à terre des vivres qui restaient de la traversée; beaucoup pensaient arriver dans un pays de sauvages qu'aucune loi ne régissait, mais la vue des autorités militaires et civiles détruisit ces projets de révolte et de pillage.

Je fus à terre le lendemain; l'aspect du pays me plut; la verdure des bois était magnifique, la végétation animée, le maïs d'une belle hauteur. Chacun établit sa tente ou se construisit une cabane en feuilles, mais ces frêles abris ne pouvaient garantir des pluies qui venaient souvent de jour et constamment la nuit. Les orages sont majestueux dans ces contrées; les éclairs se multiplient, et le tonnerre est répété par les échos des montagnes d'alentour. Le ciel en feu semblait annoncer le bouleversement du globe. Il faut avoir été aux colonies pour avoir une idée de ces commotions imposantes qui reportent notre âme vers l'éternité.

J'avais laissé pousser mes moustaches; elles

me rappelaient un temps plus heureux, celui de notre gloire; le commandant nous reçut avec affabilité, il voulut me faire nommer capitaine, sachant que j'avais été officier de cavalerie, sous Napoléon [1]. Il me prit, dès le principe, en affection, et, lorsque je tombai malade, il vint me visiter dans mon misérable campement en disant : « Pauvre Brissot [2]! » Aux branches des arbres qui entouraient notre cabane étaient suspendus mon fusil de chasse, mon épée, mon sabre, ma sabredache, ma giberne et mes pistolets d'arçon. Ces armes et cette aigle, l'emblème de la victoire, attiraient l'attention des naturels, car la renommée avait, depuis longtemps, fait passer l'Atlantique au nom vénéré du grand capitaine.

Quelques jours après, le commissaire mexicain chargé de notre colonie et résidant à Minatitlan, arriva avec la douane et madame Giordan. Cette dernière nous encourageait à coloniser. Le commissaire fit de belles promesses, assura que le gouvernement de la Vera-Cruz, pre-

1. Un sous-lieutenant a 900 piastres, un lieutenant 1,000, un capitaine 1,100. Les appointements étaient bons, mais les payait-t-on exactement? Voilà la question.

2. Les Mexicains appellent le vent du nord-est Brissot, aussi le commandant me dit, en riant, de me fixer au Mexique, et qu'il n'y aurait plus de moustiques, car ce vent, soit-disant, les chasse momentanément.

nant part à notre position, remonterait les colons, leur construirait des cases, et leur donnerait quelques bestiaux. On paya à la douane un droit de tonnage qui devait être rendu, sur la décision du gouvernement; mais il ne fit rien, et permit simplement, plus tard, de se rendre à nos concessions; quant à la restitution de la douane, on n'en parla plus[1]. Chacun demandait à quitter la barre; on attendait des ordres du gouvernement, tous les courriers. Rien n'arrivait, que les orages le soir, les moustiques et d'énormes crabes de terre qui, se creusant des logements sous nos caisses, venaient, pendant notre sommeil, se reposer sur notre poitrine, nous donnant le cauchemar. Nous secouions alors précipitamment nos draps, en envoyant les crustacés, à la dure enveloppe, frapper contre nos caisses. Notre situation était affreuse, nous avions le visage, le cou, les bras, les jambes et les mains couverts de boutons qui occasionnaient une enflure horrible. Elle était telle que nous ne nous reconnaissions souvent pas. Les femmes, exaspérées de se voir ainsi défigurées, faisaient re-

---

1. Notre caisse étant à sec il avait fallu, pour acquitter ces droits inattendus, nous dépouiller d'une pendule et d'un service de couteaux à manches d'ivoire et à lame d'argent. Je ne sais trop dans quel pays il faudrait aller pour ne pas payer d'impôts? Chez les sauvages où dans une île déserte; — toujours votre refrain, M. le voyageur.

tentir, jour et nuit, le rivage de leurs clameurs; elles accusaient leurs compagnons d'infortune de les avoir amenées sur ces plages malsaines pour les faire périr. Les pluies ne nous laissaient point un instant de repos. La majeure partie de l'équipage était rebutée, on parlait de s'en retourner.

Quelques passagers des deux premières expéditions, apprenant notre arrivée, descendirent de Minatitlan pour nous visiter. Les uns jetèrent le découragement, les autres, au contraire, nous donnèrent l'espoir d'un meilleur avenir. Lesquels croire ? Nous devions nous défier de tous. Plusieurs des nôtres, au nombre de douze ou quatorze, arrêtèrent leur passage, à notre capitaine, pour Port-au-Prince. L'un de mes associés, prétendant qu'il n'y avait d'autre perspective que la mort, m'annonça son départ. Quoique marié, il avait amené une fort jolie maîtresse, qui, ne pouvant s'habituer à voir ses traits défigurés par les moustiques, le décida à nous abandonner. Ayant remarqué de la partialité, de la part du capitaine, lors du partage de notre matériel, je voulus faire juger la discussion devant l'alcade de Minatitlan, mais ils refusèrent d'y remonter : la beauté fait presque toujours pencher la balance de son côté. Un jour, poussé à bout, je proposai de vider, sur le rivage, le dif-

férent : le survivant devenait alors possesseur du
matériel indispensable pour coloniser ; rompant
notre traité, mon associé devait, de droit, tout
laisser. Il est des instants où la raison cède au
désespoir [1].

J'essayai de ranimer le courage des plus intrépides ; la terre était excellente, avec de l'industrie on pouvait en tirer parti. Les deux premières expéditions erraient çà et là, devions-
nous les imiter ? N'était-il pas honteux, après
un aussi long voyage, d'arriver à la barre de
notre concession, et de s'en retourner sans reconnaître le pays, sans essayer quelques travaux ? Nos colons pensaient qu'arrivés au Mexique, le pays de l'or et de l'argent, leur fortune
était faite ; ils avaient bâti de beaux châteaux
en Espagne, que les moustiques firent bientôt
crouler. Le début n'était pas encourageant, mais
il fallait se roidir contre les souffrances. Sans
une grande énergie il ne devait pas y avoir
de réussite probable. La plupart attendaient la
fortune en dormant ; mais, malgré la fable de
La Fontaine, elle visite rarement les paresseux.

Le capitaine ne voyant point en beau notre
colonie, proposait de nous ramener ; l'intérêt ne
paraissait point dicter ses conseils, il s'affligeait

---

[1]. Quelque temps après mon retour en France j'appris la mort de mon
associé à Paris.

de nous voir persévérer dans une entreprise où, disait-il, nous trouverions la misère ou la mort. Que d'instantes prières ne m'adressa-t-il pas pour m'emmener chez mon ami, à Port-au-Prince. Une voix secrète m'y poussait, mais, d'un autre côté, je m'étais montré le plus décidé à monter à la concession; pouvais-je sans avoir rien vu m'en retourner ? Que répondre à ceux qui demanderaient des détails sur le pays ? Non, ce retour était impossible; j'ai bien souffert, j'ai failli mourir, mais je ne me repens pas de ma persévérance. Si j'eusse consulté mon cœur je serais reparti sur-le-champ, mais je lui ai imposé silence; dans l'espoir d'obtenir quelque résultat, j'ai lutté jusqu'au dernier moment contre la maladie; la nouvelle de la révolution de juillet est venue faire cesser ce rêve trompeur en changeant mes projets.

Je me rappellerai toujours d'un entretien extrêmement animé que j'eus, un soir, avec le capitaine, non loin de la case du commandant; un peu échauffé, il employa tous les moyens de persuasion, pour affaiblir mes résolutions qu'il attribuait à de l'entêtement et à un amour-propre mal placé. «Voyez, disait-il, quelle existence «est la nôtre; la maladie se fait sentir, j'ai déjà «pensé aller augmenter le nombre des navires «perdus dans ce golfe; qui sait ce qui m'est ré-

« servé et si je reverrai la France ? Partons, par-
« tons sans plus tarder. Je m'étourdis pour ne
« pas voir la triste perspective de notre situation :
« la mort ! la mort ! voilà tout ce qu'on peut at-
« tendre de l'influence dangereuse du climat[1]. »

La moitié des marchandises débarquée, les
matelots étant harassés, le capitaine songea à
passer la barre. Plusieurs de nos canots avaient
été jetés à la côte, mais personne ne périt. Une
fois nous fûmes précipités dans les brisants, nous
nous servions alors de grelins pour nous remorquer. Un jour le mât de la grande chaloupe
se rompit, et je vis l'instant où il faudrait gagner terre à la nage ; mais les crocodiles et les
requins nous eussent peut-être demandé nos
passe-ports en route. Un canot de la deuxième
expédition chavira, trois personnes se noyèrent ;
dans le nombre était un colon, père de sept enfants : sa veuve en perdit trois peu de temps
après. Notre second, qui ne savait pas nager,
échoua aussi au milieu des brisants ; il se sauva
en se cramponnant avec les dents à la chaloupe ;
ces avaries fréquentes endommageaient nos embarcations.

[1]. Le capitaine Maugendre vient récemment de perdre le navire le
Soleil qu'il commandait, et les journaux ont parlé du dévouement d'un
matelot du bord qui, placé avec sa femme dans les haubans, l'arracha
pendant huit heures aux vagues furieuses tandis que quatre passagers
périssaient à leurs côtés.

Le soir, en revenant à bord, la navigation était dangereuse, par suite du vent, des lames et d'une mer houleuse; il fallait se méfier des courants qui pouvaient nous entraîner en pleine mer. Une embarcation dériva ainsi, les colons tirèrent des coups de fusil de détresse; on envoya la chaloupe du navire les remorquer. Un canot fut encore entraîné par les courants, et les passagers échouèrent au loin, sur la côte, dans la direction de la Vera-Cruz; on alluma des feux, et chacun revint dans un état pitoyable. Ces petites traversées familiarisaient avec la mer, qui n'est souvent pas rassurante dans une frêle embarcation. Il y eut des colons qui entreprirent, dans une chaloupe du Havre, la traversée de la barre à la Vera-Cruz; c'est ainsi que l'on devient intrépide marin ; aussi, lors de mon retour, au fort de la tempête, ne pus-je souvent m'empêcher de sourire en voyant les visages du bord.

Le capitaine voulant éviter tous ces sinistres, entra ses voiles déployées, son navire calant dix pieds; un coup de vent du nord, qui le força pendant la nuit à courir des bordées dans le golfe, le décida à passer la barre; nous vîmes flotter notre pavillon sur le fleuve du Guazacoalcos. Que ne pouvions-nous alors prévoir les glorieuses journées de juillet! avec quel enthousiasme on eût arboré les couleurs nationales! Ce fut un capitaine mexicain, à l'ancre sur le Guazacoalcos, qui servit de pilote moyennant 500 francs.

Les chasseurs se plaisaient dans ce pays; l'abondance du gibier était extrême; ils partaient le matin et revenaient chargés de lapins, de pigeons, de perroquets et de faisans. Nous étions campés à quelques pieds du fleuve, chacun faisait sa cuisine à sa mode, vivant de sa chasse ou de sa pêche; la rivière est très-poissonneuse, les souffleurs la fréquentaient. La nuit nous entendions les crocodiles nager avec bruit, pour s'approcher du rivage; nous tirions alors des coups de fusil : les chiens du pays allaient au-devant et les chassaient par leurs aboiements.

Malgré les caïmans, les habitants se baignent fréquemment, mais au bord; ils se font des immersions sur la tête. Il y avait une très-jolie mexicaine qui venait laver son linge près de ma case, elle était domestique chez le pilote; son ouvrage terminé, elle entrait dans le fleuve; les eaux trahissaient alors ses gracieuses formes, qu'une simple toile recouvrait. Il fallait l'influence du climat, et l'approche de la fièvre, pour ne pas se sentir délicieusement ému à la vue de cette belle fille de la nature. Sa beauté, peu de temps après, lui valut le titre de la señora d'un nouveau commandant de la barre.

Je me baignais deux fois par jour; mais, na-geant en pleine eau, nous avions constamment la crainte d'y laisser quelques membres. Les na-turels blâmaient cette imprudence, en nous en-gageant à rester près du bord. Tournant une goëlette mexicaine qui était à l'ancre, nous nous reposions sur des îles flottantes, fort communes sur le fleuve pendant la saison des pluies, et nous rapportions des fleurs qui eussent été mou-rir en pleine mer.

Pendant mon séjour à la barre, je fus une seule fois à la chasse. La chaleur était extrême, mais je brûlais de parcourir des sites si nouveaux pour moi; je longeai cette forêt au feuillage étranger, traversant des vallons couverts d'une herbe haute, en gravissant de petits monticules où je croyais rencontrer des serpents; mais je n'en vis point, quoiqu'il n'en manque pas, mal-gré l'assurance de l'abbé Baradère qui prétend n'en pas avoir aperçu pendant son séjour au Mexique. L'aspect des bois est magnifique; la grosseur des arbres et les lianes qui s'enlaçaient du pied jusqu'à la cime, présentaient un coup d'œil imposant : je considérais le palmier s'éle-vant majestueusement au-dessus de cette ver-dure variée, la nudité de son tronc, ses immenses grappes, et son feuillage qui s'incline vers la terre, captivaient mes regards; cet arbre m'annonçait que j'habitais un autre hémisphère; placé près des habitations, il produisait un effet pittoresque et sauvage.

Des fleurs ornaient la sommité des arbres; la vigne sauvage, s'entrelaçant aux branches les plus hautes, me rappelait celle de l'Italie. J'entendais les chants des faisans et des perroquets. Je pensais aux descriptions de M. de Châteaubriand, à son *Atala;* que n'avais-je sa verve poétique, son imagination brillante, pour dépeindre ces riches tableaux, qu'on ne rencontre qu'en Amérique! Je ne me lassais point de contempler une infinité de fleurs de formes et de couleurs variées, mais elles n'étaient pas plutôt séparées de leurs tiges qu'elles se fanaient, et ces couleurs, naguère si brillantes, n'offraient plus que les restes d'une beauté flétrie : semblables à notre faible existence, aux jours délirants de notre jeunesse, succède rapidement la triste vieillesse. Quelle jouissance multipliée le naturaliste ne doit-il pas éprouver dans ces contrées! quel vaste champ la nature du Nouveau Monde ne réserve-t-elle pas à ses observations!

Après avoir traversé plusieurs vallons bordés par des bois, je me trouvai, au coucher du soleil, sur un monticule assez élevé d'où je découvrais le golfe du Mexique : je distinguai, dans le lointain, le fort et la *Diane* en panne. Mon âme ne put, en ce moment, s'empêcher de se livrer à la mélancolie; je venais d'admirer l'aspect de ces contrées sauvages, mais cette majestueuse solitude imprimait à mon esprit des idées sombres augmentées par le crépuscule. Je voyais pour la dernière fois, ce brick qui allait faire voile pour la France, j'étais à deux mille cinq cents lieues de ma patrie; son départ était prochain, et peut-être ne devais-je plus revoir un autre navire dans ces parages peu fréquentés?

La nuit approchait; je songeai au retour, peu chargé de ma chasse, car je m'étais plus occupé à cueillir des fleurs, des fruits, à ramasser des graines, qu'à tuer des oiseaux. Je revenais avec un beau bouquet, je m'étais procuré de douces jouissances, et je n'avais fait de mal à aucun être animé. « M. le colon, va-t-on s'écrier, on « voit bien que vous n'étiez pas chasseur. —Non, « mais un enthousiaste observateur de la belle « nature, et ce plaisir en vaut bien un autre, si « c'en peut être un que de tuer des êtres inof- « fensifs. »

CHAPITRE V.

Lorsque je côtoyais les rives du Guazacoalcos,
j'étais souvent entravé dans ma marche par la
multitude d'arbres qui gisaient çà et là sur la
plage; il y aurait eu de quoi remplir d'immenses
chantiers de Paris; en France, ce bois eût valu
des millions, ici il n'était d'aucune valeur.

J'allai plusieurs fois me promener le long du
rivage, dans l'espoir de trouver quelque coquil-
lage curieux, mais infructueusement. J'en vis
un qui était plat et circulaire, en forme d'é-
toile, sur lequel étaient empreints de fort jolis
paysages.

Une infinité de crabes s'enfuyaient à reculons, avec des yeux effrayants et de grandes pattes velues, dans des trous formés dans le sable : on eût dit de petits diablotins.

Des oiseaux bleus, rouges et blancs, à longues pattes, côtoyaient les bords de la mer, cherchant quelques poissons, mais ils ne se laissaient pas approcher à portée de fusil.

Les rodadors, ce jour-là, se multipliaient, me couvrant le visage et les mains; ces piqûres m'occasionnaient une cuisson fort désagréable.

Plus loin j'apercevais sur le golfe des nuées d'oiseaux qui s'abattaient, avec la rapidité de l'éclair, sur une multitude de poissons, en poussant des cris aigus.

La côte n'offre que des débris de pièces de bois, des navires perdus, des arbres déracinés, une multitude de grains et de coquillages. Je considérais, avec mélancolie, le trois mâts l'*Amérique,* dont le pont commençait à être couvert par les brisants; chaque jour les flots en entraînaient quelques morceaux, et quoique les deux bâtiments échoués fussent vendus à bas prix au pilote, il les laissait perdre, faute de bras et de moyens de sauvetage[1]. En France,

---

1. J'ai appris depuis qu'il était mort; ainsi, le propriétaire et les bâtiments, tout a péri : telle est la destinée des choses d'ici-bas. C'est la perspective finale, l'ombre au tableau; que ne peut-on lire derrière!

on aurait su en tirer parti ; ils étaient assurés.
Le premier, l'*Amérique*, avait ensablé par la
faute du pilote qui avait suivi une mauvaise
passe ; l'*Hercule*, à moitié déchargé, avait été
jeté à la côte, par un coup de vent du Nord. Les
passagers se trouvèrent souvent dans la nécessité de se battre pour avoir leurs effets ; des coups
de pistolet se tirèrent ; que de peine les premiers
colons eurent à supporter en allant chaque jour
à bord disputer à la mer leur matériel, leurs
vivres ! Ils étaient encore plus à plaindre que
nous, sous ce rapport ; mais, arrivés dans la belle
saison, ils ne furent point exposés, comme nous,
à la fièvre jaune et à des orages journaliers d'un
ciel en feu.

Nous fûmes à bord de l'*Hercule*, à la marée
basse, en nous suspendant à un cordage de
l'avant. Ce bâtiment était encore beau, la chambre élégante, nous en détachâmes quelques
tringles en acajou. Debout sur la quille qui reposait sur le sable, la proue s'y enfonçait profondément ; le pont penchait un peu, les lames et les
brisants venaient battre l'arrière ; on eût dit
qu'il était prêt à prendre la mer. La cale était
remplie de tonneaux de vin, de viandes salées, de
goudron que nous eussions bien voulu avoir ; mais
l'odeur infecte de l'eau croupie qui s'en exhalait nous força de renoncer à notre projet.

L'âme est livrée à de tristes idées sur un navire perdu ! En mer, un bâtiment offre un mouvement perpétuel de matelots et de passagers ; sur le premier règne le silence du désert, c'est l'image de la mort ; ils étaient là , se dit-on , ils ne sont plus ! Quel spectacle affligeant qu'une carcasse de navire rasé, abandonné et flottant entre deux eaux ! L'imagination se reporte aussitôt sur l'équipage englouti dans la mer, après avoir lutté contre la tempête et peut-être contre les horreurs de la faim.

Nos cabanes éparses, les tonneaux, les bagages, les tentes et les draps suspendus sur nos huttes, offrent le coup d'œil bizarre d'un camp de Tartares ou d'Arabes Bédouins. La nuit, si la pluie nous donne quelque relâche, nous nous promenons enveloppés de couvertures ou de draps, un mouchoir à la main, le long du rivage, fuyant les moustiques ennemis de notre repos. Quelle scène fantasmagorique, quelle existence ! Piqués par des insectes venimeux qui enflamment notre sang, en butte aux orages, nos vêtements, nos matelas, sont traversés ; comment ne pas tomber malade avec de pareilles épreuves ? Si l'un de nous, harassé par la fatigue et pressé du besoin de dormir, se laisse tomber sur sa couche humide, le lendemain l'enflure de ses membres lui fait payer cher un sommeil de quelques heures ; celle de midi est la seule où l'on peut avoir quelque répit, mais la chaleur est insupportable, et il faut alors reposer dans un bain de sueur.

Lorsque l'Européen arrive en Amérique, il est avide de contempler le spectacle imposant de merveilles sans nombre ; son imagination s'enflamme, il se rappelle les descriptions que les voyageurs ont consacrées dans leurs relations, il oublie les dangers de la traversée. A chaque pas il s'arrête, ses sensations se multiplient ; une nouvelle vie paraît animer son être. Habitué aux mouvements divers d'une mer tour à tour calme et agitée, il s'étonne de poser le pied sur la plage; son corps, fait aux roulis, aux tempêtes, a besoin de s'accoutumer à cette immobilité du continent. Ses jambes ne connaissent plus la marche, la plus petite course les fatigue ; le bruit des vents, le mugissement des vagues et des brisants qui battent régulièrement contre le rivage lui inspirent une sorte d'effroi. Il se félicite d'être débarqué ; il soupire en songeant que pour revoir sa patrie, il faudra de nouveau braver les dangers d'une mer inconstante.

La terre semble d'une autre qualité, les forêts d'une verdure nouvelle, les fruits d'une forme bizarre et d'une saveur délicieuse. Des oiseaux aquatiques, au plumage varié, bordent les rives du golfe et du fleuve ; une nuée voltige au-dessus des vagues ; le pélican, d'un vol peu élevé, guette sa proie pour la subsistance de ses petits ; le héron parcourt le rivage et fuit à l'approche de l'étranger. Un instinct naturel les porte à éviter la mort ; le bruit des armes à feu, qu'ils entendent rarement, porte l'épouvante dans leurs troupes. Une multitude de faisans, d'espèces différentes, des perroquets criards, troublent le silence des forêts, ils traversent d'un vol rapide le fleuve, et défient la main meurtrière de l'homme.

Le lapin, peu habitué à être inquiété dans ces vallées solitaires, trouve un asile dans les hautes herbes. Des reptiles s'y cachent à la vue des chasseurs, ils dressent leurs têtes au milieu des savanes, et leurs dards annoncent le danger de s'en approcher. Le chat-tigre fuit l'homme, la demeure sombre des forêts lui convient, et, si la faim le presse, il attend la nuit pour aller, dans les villages, jeter l'alarme et guetter la poule perchée sur le palmier.

En parcourant ces antiques bois mexicains, on est arrêté à chaque pas, le soleil ne peut y arriver ; l'œil, avec une curiosité inquiète, contemple ces fourrés impénétrables ; une multitude de reptiles, d'insectes, d'animaux, qu'il ne voit souvent pas, considèrent celui qui trouble leur silencieuse demeure. Des colibris voltigent dans le feuillage, des singes jouent en grimaçant sur des arbres, des écureuils se suspendent aux branches, les yeux fixés sur l'étranger; celui-ci, bientôt, effrayé de sa démarche hardie, se hâte de fuir. L'Indien seul, les pieds nus, armé de sa manchetta, se fraye des issues, suit la trace des bêtes fauves, défie les animaux cruels. Les épines, les ronces, le poison qui l'environne, rien ne l'effraye, il est presque aussi sauvage que cette sauvage nature.

Des fleurs variées apparaissent à la sommité des arbres, et quelquefois se trouvent suspendues sur le fleuve. Des graines de toutes espèces jonchent la terre; des fruits inconnus, auxquels il serait dangereux de goûter, annoncent le délaissement de l'homme. Des troupeaux de bœufs ou de chevaux pâturent dans les savanes ou errent dans les forêts.

Souvent le chasseur se trouve arrêté dans des endroits marécageux dont une eau croupie recouvre une bourbe profonde; il est forcé de suspendre sa marche devant ces espèces de marais pontins; il veut reculer, son pied glisse et s'enfonce plus avant; la sueur découle de son front, une nuée de moustiques lui déchirent les mains et le visage; il revient harassé et presque méconnaissable, mais sa carnassière est pleine, ses récits sont romanesques, il croit passer pour un héros, ses souffrances sont oubliées.

Si l'on parcourt le rivage, l'on voit alternativement la marée monter et descendre, et amener dans les eaux tranquilles du fleuve le souffleur, le requin et d'autres poissons de l'Océan. Les écailles brisées de gros œufs gisant dans des places creusées dans le sable par les crocodiles, annoncent qu'ils habitent ces parages.

Le pêcheur surmonte la fatigue, la chaleur, ses pieds enfoncent dans le sable, et il enjambe, avec peine, une multitude d'arbres renversés par les ouragans, entraînés ou creusés par les eaux ; il lance ses filets, son œil les suit, son bras a peine à les retirer ; mais au moindre bruit, il se retourne avec inquiétude, car les dangers l'environnent, et sur cette plage déserte il faut être constamment en garde contre le climat et contre les animaux qui l'habitent.

Là, ce sont des arbres amoncelés ; quelques-uns ont été travaillés par la main des Indiens, mais leur grosseur les a obligés d'abandonner leur entreprise ; ici le sable offre un monticule charrié par la rivière, là, le rivage forme une cavité, les eaux ayant miné la terre, des rocs se trouvent à nus, et souvent cette anse est le séjour du caïman ou du serpent. Une multitude de feuilles, de roseaux, de fruits, de graines, de limons, d'oranges se trouvent entassés sur les rives, entraînés par les ouragans, les pluies continues et la crue du fleuve.

Sur la plage, les Indiens montent et redescendent le fleuve, cherchant les bons parages pour la pêche, ou rapportent des pueblos voisins, des bananes et les produits d'un suc brut qu'ils renferment dans des feuilles de bananier. Ils traversent le Guazacoalcos, s'enfoncent dans les forêts et reviennent chargés d'oranges, de limons et de fagots de bois en étant accroupis et immobiles sur leurs pirogues étroites et longues; des indigènes, munis de pagaies, les dirigent. Dans les cases, construites çà et là, les Mexicaines sont occupées à laver le linge, à écraser du maïs, à faire du chocolat ou à vanner du cacao, et, leurs occupations terminées, elles se balancent dans leur hamac pendant la chaleur du jour.

En considérant ces visages basanés, ces cheveux crépus, ces corps presque nus, on se reporte à l'antiquité des temps, et à l'aspect de ces hommes à demi sauvages, ne s'occupant que de leurs premiers besoins, on ne sait si l'on doit s'attrister ou se réjouir pour eux de leur peu d'ambition et de leur civilisation arriérée. Ah! laissons-les vivre au milieu de leurs forêts, naviguer sur leurs paisibles fleuves, ils sont les enfants de la nature, de la vraie liberté, ils se trouvent heureux ; les Européens peuvent-ils en dire autant ? En songeant à tous les maux qui assiégent l'existence des peuples civilisés, on serait tenté de se faire sauvage comme eux [1].

Les Mexicains construisent les piliers de leurs cases avec un bois dur qu'il faut connaître, car il en est que les vers piquent au bout de peu de temps. Les murs forment des séparations souvent à jour ; la feuille de palmier sert de toiture. Ces habitations, quoique en apparence peu solides, le sont extrêmement. Comment pourraient-elles, sans cela, résister aux pluies continuelles et aux ouragans qui ravagent ces contrées une partie de l'année? Le commandant n'était pas mieux logé que les autres, sa nourriture était frugale. Les indigènes couchent dans des hamacs en cordes de maguey, ou sur des joncs garnis de moustiquaires. Une peau de bœuf tannée, ou une natte appelée pétale, étendue sur quatre pivots, voilà le lit des Mexicains [2].

Le fort me parut délabré ; quelques canons étaient braqués sur la mer. Les soldats couchaient dans de grandes chambres qui formaient

---

1. Encore mon idée fixe d'île déserte, va-t-on s'écrier : Eh ! pourquoi pas, si, pour moi, elle devenait l'île de la félicité.

2. Les soldats ont tous de l'argent ; la plus petite monnaie, un medio, vaut six sous de France.

le bâtiment adjacent à la tourelle. En voyant une aussi pauvre artillerie et de semblables soldats, nous songions au peu d'obstacles que l'on rencontrerait pour aller droit à Mexico[1].

Le commandant envoyait au fort les soldats qui avaient commis quelques fautes; un colon de la deuxième expédition, fut mis, comme eux, à la citadelle pour être remonté à Minatitlan sans autorisation. Les chevaux qu'ils montaient étaient d'une petite taille, mais vifs et bien pris; ils paissaient çà et là et allaient en troupe au bord de la mer; dans le nombre il y avait beaucoup de poulinières. Ils les dirigeaient avec adresse, souvent sans éperons, avec une mauvaise bride en crin et un mors énorme. Leurs selles étaient pesantes; leurs étriers, en bois ciselé, lourds et d'une forme grotesque. Semblables aux Tartares ou aux Bédouins, ils allaient chercher leurs montures dans les pâturages. Ces animaux étaient dociles à la voix de

---

[1]. Ah! pensai-je, si seulement le 5e hussards, mon ancien régiment, bivouaquait sur ce rivage, nous serions bientôt maîtres de la capitale du Mexique; nous ferions une reconnaissance à la Fernand Cortez. Folle idée! va-t-on s'écrier, et que l'on pouvait seule concevoir dans le délire! Est-ce parce que cette entreprise eût été téméraire que le succès en était impossible? La chance, autant et même plus que le talent, conduit souvent aux honneurs, au pouvoir; que de grands hommes, en herbe, demeurés dans l'obscurité, faute d'avoir pu poser le pied sur la première marche des grandeurs! Bonaparte dut à Barras et au 12 vendémiaire sa couronne impériale.

leurs maîtres, mais ils évitaient les étrangers. Les hommes et les soldats portaient des caleçons avec une chemise de toile par-dessus. Ils avaient de grands sabres droits[1].

Je remarquai que leur linge était d'une blancheur incroyable et qu'ils en changeaient fréquemment; cela est indispensable pour la santé, dans un pays aussi chaud. Les femmes s'occupaient à laver[2], ou à écraser leur maïs, leur cacao sur des pierres volcaniques avec un rouleau de la même nature[3]. Ils faisaient cuire leur pain, espèce de pâte en forme de crêpes, qu'ils appellent tortilles, sur des morceaux de tôles placés sur le feu.

Les femmes de la barre paraissaient avoir un certain fond de coquetterie, car elles aimaient à faire parade de mouchoirs, de robes et de châles[4]

---

1. Appelés *manchetta*, la poignée est d'ébène et garnie de clous d'argent, ils coupent tout avec, et se creusent des pirogues. Elle est attachée à une courroie qui leur serre les reins.

2. Dans une auge en bois nommée *batel*.

3. Cette pierre s'appelle *el braso*; leurs calebasses *xicara*.

Les vases appelés *los cantaros*, de forme sphérique et en terre rouge, servaient à conserver l'eau fraîche.

Quelques indigènes portaient des pagnes, espèce de ceinture qui va au-dessus du nombril et qui tombe à mi-jambe.

4. Nous nous défîmes de plusieurs articles avantageusement; des robes d'un bas prix, du linge et des souliers. On gagnerait beaucoup à parcourir les villages avec de petites pacotilles.

venant de l'étranger; elles faisaient cependant peu d'attention à nous : elles devaient avoir une triste opinion de notre nation, en voyant des Français malingres, aux visages maigres et livides. Plusieurs colons pensaient qu'il était facile d'obtenir leurs faveurs, en échange de quelques mouchoirs ou d'argent, mais ils étaient, je crois, dans l'erreur.

Les naturels de la barre se nourrissaient de chocolat, de café, de poisson, et de gibier qu'ils allaient chercher dans les bois; ils assaisonnaient leurs mets d'une bonne quantité de piment. Ils buvaient de l'eau, mais ils aimaient extrêmement le vin et l'eau-de-vie [1].

De nombreuses pirogues en acajou, appelées *canoas*, garnissaient le rivage; elles sont d'une seule pièce et d'une grande longueur, ce qui dénote l'ancienneté des arbres. J'en vis une, appartenant au commandant, que l'on me dit valoir dix doublons. Ils les conduisent avec adresse et une vitesse extrême; il faut éviter de remuer, pour ne point chavirer. Ils se servent de rames appelées pagayes; celui qui est sur l'arrière la fait avancer, et celui sur l'avant la gouverne, car il n'y a pas de gouvernail.

---

1. Le sucre revient à trois sols la livre; ils le vendent dans des feuilles de bananier dont le fruit est très-agréable cru et cuit, mais un peu fiévreux.

Pendant notre séjour à la barre, deux goëlettes, venant des États-Unis, remontèrent le fleuve, pour aller à Minatitlan, où il y avait une scierie américaine, appartenant à un Anglais, nommé Baldiwin.

J'avais trop compté sur nos forces en pensant abattre des acajous aussitôt arrivés, et en exporter, au bout de quelques mois, en France. J'ai été promptement déçu dans mes espérances; ce bois du Mexique est femelle et point veiné, il n'est de défaite qu'à Saint-Thomas et aux États-Unis. Les Indiens coupent ces gros arbres à trois ou quatre pieds de terre, et il se pourrait que la fourche fût mieux veinée. Que de temps, de sueur, de coups de hache donnés mal à propos, avant que des Français parviennent à abattre ces arbres! L'Indien, malgré son indolence habituelle, fera en quatre heures ce que nous ne pourrions effectuer en un jour : telle est l'influence fatale du climat sur nous autres étrangers; à peine avons-nous posé le pied sur cette terre lointaine, que nos forces semblent vouloir nous quitter pour toujours!

Il y a une espèce de gros oiseaux, appelée chot-pilote ou vautour noir, ressemblant au corbeau, qui est respecté dans tout le Mexique. Il se promène sur les toits, aux portes des cases avec la volaille; il vit de cadavres et d'excréments humains. A la Vera-Cruz on le voit dans les rues, sur les immondices, et son utilité y est extrême, car les mesures sanitaires ne sont pas connues dans cette ville.

Les indigènes s'occupent peu de culture. Je ne vis à la barre que quelques plantations de maïs, de tabac, des frijoles et des ananas, du piment fort recherché pour tous les mets. Des terrains défrichés et bien ensemencés, des potagers, des vergers, des jardins, de grandes plantations, offriraient des avantages immenses dans ce fertile pays. Que d'arbustes rares, d'arbres utiles les embelliraient! l'oranger, le citronnier, la canne à sucre, le cafier, la cochenille, la vanille.

Je vis çà et là de l'indigo et des bananiers; l'eau de la rivière était très-bonne, le miel excellent et d'une grande limpidité.

Malgré nos précautions, malgré l'ouverture réitérée de nos caisses, les pluies perdaient nos effets, les armes étaient rouillées, le linge, les habits, les livres, nos provisions, nos semences, tout fut avarié. Notre situation devenait désespérante; soixante Français gémissaient sur une plage brûlante, sans abri, dévorés par les insectes, en butte aux orages de chaque nuit; aussi les maladies arrivaient. Pouvait-il en être autrement? N'étant point acclimatés, nous aurions eu besoin des aisances dont jouissent les naturels, et nous étions privés de tout, abandonnés comme de malheureux naufragés.

La fièvre, la terrible fièvre de ce pays, celle qui avait été plusieurs fois l'objet de nos entretiens à bord, commençait à faire éprouver ses ravages. Plusieurs en étaient attaqués, et chaque jour de nouvelles victimes augmentaient le nombre des malades. Je m'en étais cru à l'abri, ne l'ayant point eue en Espagne lorsqu'elle moissonnait tant de soldats ; mais je me trompais, avec l'âge le tempérament change : j'avais passé une nuit blanche, emportant mon matelas, d'un endroit à l'autre, pour me garantir de la pluie. Le matin, au lever du soleil, je ressentis un mal de tête, je me jetai à l'eau, une heure après j'eus la fièvre. Je m'étais abstenu de toutes boissons échauffantes, croyant l'éviter. Il est à remarquer que tous ceux qui en firent excès en furent victimes, malgré la force de leur constitution. Il faut user de tout modérément, une fois acclimaté on peut prendre moins de précautions.

Nous présentions un tableau bien triste : sur soixante Français, plus de cinquante avaient la fièvre. Les femmes se lamentaient, et cependant elles étaient d'un grand secours à ceux qui en avaient. On eût dit d'une ambulance ou d'un hôpital, à l'aspect de nos visages livides, de notre marche chancelante, de nos pustules sur tout le corps. Nous avions des douleurs dans tous les membres, et une faiblesse qui nous permettait à peine de nous soutenir; mais il était dangereux de se laisser abattre, de ne point prendre d'exercice, on se traînait, on s'arrachait pour ainsi dire à son lit de mort.

Nous ressentions une soif ardente, notre corps était en feu; notre fièvre journalière ou intermittente, souvent variait d'heures : elle s'annonçait par un frisson plus ou moins prolongé; alors il fallait se laisser tomber sur la plage ou sur de misérables matelas humides. Des maux de tête affreux occasionnaient souvent le délire; une fièvre chaude succédait au frisson, et l'accès, presque toujours de six heures, quelquefois plus, se terminait par une sueur abondante. On semblait alors renaître, on allait passer quelques heures sans souffrir; mais hélas! qu'elles étaient courtes, et notre découragement grand aux approches du frisson fatal!

Je me rappellerai toujours une nuit affreuse que je passai sur un appentis de bambous, dans une case indienne, appartenant au pilote manchot. J'avais obtenu cette place par une faveur insigne. Un autre passager couchait près de moi, et faisait retentir l'air de ses plaintes. C'était celui qui voulut nous faire sauter à bord, celui

qui, peu de temps après, dans un accès de délire, se coupa le cou avec un couteau qu'il demanda à son fils. Avant de mourir, n'eut-il pas
encore, dans sa frénésie, l'horrible inhumanité
de l'accuser de parricide !

Le ciel est en feu, la chaleur insupportable;
la fièvre me tourmente; l'orage gronde; la sueur
découle de mes membres, je demande à boire,
mais inutilement, personne n'entend ou ne veut
entendre. La soif me maîtrisant, je me lève en
trébuchant, sans m'habiller, je descends, quitte
à me rompre le cou, par un arbre à encrains [1];
le tonnerre, les éclairs, la pluie qui tombe par
torrents, rien ne m'arrête; j'ai soif, oh! bien
soif! ma bouche est sèche, elle écume !... je traverse le chemin et je me couche à plat-ventre,
penchant ma tête dans une petite source ombra-
gée par un palmier. Avec quelle avidité je fais
circuler dans mes veines cette eau fraîche! O
terrible souffrance de la soif! il faut l'avoir
éprouvée pour en avoir une idée; elle est insupportable, pour l'apaiser on brave tout : à quels
danger ne m'exposai-je pas en allant ainsi à la
pluie, nu et couvert de sueur [2].

Mon associé remontait à Minatitlan nos effets

[1]. C'est l'espèce d'escalier mexicain des cases.

[2]. En Italie, étant détaché dans le département du Panaro, à la pour-
suite des brigands des montagnes, que de fois, après des marches forcées,
nous avons cherché quelques filets d'eau, et lorsqu'on en apercevait, cha-

dans notre canot. Je me trouvais seul, sans secours, sans personne pour me soigner. Le dernier des ouvriers de l'expédition était mieux que moi; ils avaient presque tous des femmes. Quelquefois la journée se passait sans que j'eusse rien pris. Deux des passagères eurent pitié de mon abandon et me donnèrent quelques soins; mais elles tombèrent peu après malades, et je fus délaissé.

Nous avions à bord une jeune femme dont le mari était bijoutier et père d'un petit garçon; je m'étais intéressé à ce ménage, et souvent je lui faisais passer de la chambre quelques douceurs. Une fois débarquée, elle se trouva encore plus à plaindre, n'ayant ni moustiquaire ni matelas. Je me privai du mien pour la laisser reposer. Sensible à mes attentions, et voyant ma santé décliner, elle partageait alors ma couche humide avec moi; tous les deux enveloppés dans le moustiquaire, la beauté reposait à mes côtés, mais la fièvre aussi, et c'était un calmant qui pouvait rassurer le mari[1].

Voyant qu'il était impossible de rester plus

cun se repoussant, c'était à qui se jetterait le premier à plat ventre, pour étancher sa soif.

[1]. Plus tard j'ai revu le mari à Paris, mais je n'ai point eu l'occasion de voir sa femme; ils avaient habité quelque temps à Acayucan chez le capitaine Garciarenas, qui s'intéressait à eux : il était si bon pour les Français! mais ils s'étaient enfin décidés à revenir en France.

longtemps sur cette plage de désolation, je me décidai à remonter à Minatitlan, pays peu sain et le tombeau d'une infinité de Français; mais je devais y trouver une case où je serais à l'abri des pluies.

Le vin que nous apportâmes ne nous servit à rien, nous n'eûmes le temps ni de le boire ni de le vendre. Les insectes perçaient les fûts, et au bout de quelques jours, on était fort surpris, croyant trouver du liquide, d'entendre sonner le vide au tonneau. Ils ne respectaient que les barils à eau-de-vie : c'est une chose à observer pour ceux qui apporteront des vins dans ce pays, il faut les mettre en bouteilles ou dans des dames-jeannes. Les naturels le conservent ainsi, et alors on s'en défait assez avantageusement, en le colportant dans les villages ou dans les villes.

Des nuées d'oiseaux aquatiques de toute espèce couvraient les bords du fleuve; quantité de caïmans nous regardaient tranquillement et plongeaient à notre approche. J'étais extrêmement faible, et cependant je tenais la barre du gouvernail. Nous comptions fêter à déjeuner un excellent jambon que mon associé avait apporté de Minatitlan; il nous fut volé dans la nuit, et nous fûmes réduits à tremper du biscuit dans du vin.

Le fleuve coule du midi au septentrion, il prend sa source près de Tehuantepec, et parcourt en droite ligne un espace de quarante à cinquante lieues; il se jette dans le golfe du Mexique, à environ soixante lieues de Vera-Cruz. Pendant la saison des pluies la marée se fait sentir jusqu'à dix lieues.

Des navires calant dix pieds, peuvent passer la barre dont les bancs de sable sont quelquefois mouvants; il est d'une belle largeur et profond à son embouchure. Il a de trente-six à quarante pieds, il n'y a qu'un endroit qu'il faut éviter, où il ne porte que huit pieds; les courants sont assez rapides. Plus on s'avance, plus on en rencontre et plus ils sont forts parce qu'il y a moins d'eau. De petites goëlettes peuvent remonter au moins quinze lieues en tout temps, et à la saison des pluies elles iraient encore plus haut. Mais pendant les chaleurs, le fleuve est peu navigable passé Minatitlan, et les pirogues sont seules en usage, encore les Indiens sont souvent obligés de les pousser en entrant dans l'eau. Le fleuve charrie des plantes et des arbres. De vertes forêts le bordent de chaque côté; il faut se contenter de les contempler, il y a rarement des clairières pour y pénétrer; d'énormes racines que les eaux ont mises à découvert longent les deux rives.

Tehuantepec est situé à l'extrémité du fleuve. On avait entrepris de creuser un canal de sept lieues, pour établir une communication entre les deux océans, mais l'ouvrage a été délaissé, non qu'il soit impraticable, mais plutôt par le manque de fonds. Quel avantage immense pour le commerce! que de riches productions on exporterait par ce fleuve, sans être obligé de doubler le cap Horn! alors la rivière de Guazacoalcos serait une source de richesses pour les établissements situés sur les rives. Nos concessions acquerraient du prix; mais quand ce grand et important travail aura-t-il lieu? Peut-être jamais. Il faudrait une tête forte en conceptions hardies, il faudrait un Napoléon mexicain. Jusque-là le fleuve, loin de présenter quelques ressources au commerce, n'offrira qu'une belle solitude sauvage, et ne sera fréquenté que par des canots indiens.

Qu'on ne se rejette point sur le danger de la barre, elle est assez bonne, et celle de Tabasco, qui est si fréquentée, est loin de la valoir. Nos deux sinistres ne signifient rien, il y a eu trop de confiance d'une part, et entêtement de l'autre. Ne sommes-nous pas entrés? D'ailleurs si le canal avait lieu, si les deux océans se joignaient, ce passage deviendrait assez intéressant pour que l'on construisît des goëlettes ou des bateaux plats, ne calant que le nombre de pieds nécessaires; la marée remonte réellement à plus de dix lieues.

La fièvre m'avait repris sur le midi, et j'avais été obligé d'abandonner le gouvernail. J'arrivai au coucher du soleil à Baratitlan, où étaient situées deux vastes cases habitées par un Anglais et sa famille. Je pus à peine gravir un petit monticule. Quelques meubles en acajou, qui n'avaient pas été faits dans le pays, des tableaux, des livres et un service en porcelaine, annonçaient l'ancienne aisance du maître. Son ton, son extérieur, dénotaient qu'il avait appartenu à une classe distinguée; mais le plus bel ornement de sa case solitaire, c'était deux jeunes personnes de dix-sept à dix-huit ans (une jolie femme est deux fois belle dans un désert); une pâleur intéressante, répandue sur leurs traits fins et délicats, exprimait la souffrance, mais dans leurs yeux azurés respirait la douce espérance.

Nous fûmes servis, pour la première fois, assez élégamment, et de plus par la main des Grâces. Je ne pus manger que deux œufs frais. Mes compagnons firent honneur au repas. Je parlai anglais avec le gentleman, et nous bûmes à la santé de ses charmantes filles un verre de vin de Bordeaux. Ils n'avaient d'autres serviteurs qu'un

nègre et une négresse, les autres les ayant abandonnés quelque temps après leur arrivée au
Mexique. Je me rappellerai toujours le tableau
de cette soirée. La case de palmier, les murs de
bambous contrastaient avec les habitants et
l'ameublement. L'on avait allumé des brasiers
pour chasser les moustiques qui étaient nombreux. Le maître nous considérait avec mélancolie; les deux jeunes personnes, assises dans un
coin, semblaient y rêver à leur solitude. La négresse vaquait aux besoins du ménage, et le
nègre restait sur le seuil de la porte, et dans une
immobilité parfaite.

Cet Anglais devait retourner à la Nouvelle-
Orléans avec sa famille. Depuis deux ans, habitant cette rive déserte, il avait mis peu de terrain en culture, et commençait à se dégoûter
du pays. Le gibier y était extrêmement abondant; il nous vendit quelques faisans. Malgré
ma fièvre je reposai assez bien, ayant un excellent lit à ressort et à moustiquaire; l'assurance
de bien dormir me fit plus de plaisir que le plus
beau repas du monde.

Au lever du soleil, nous fûmes nous promener
à l'extérieur de l'habitation; l'Anglais nous ac-
compagna. Il y avait une infinité de citronniers
et d'orangers, dont les branches pliaient sous le
poids des fruits. Ces nuances jaunes et pourpres

annonçaient les riches produits du pays. Nous aperçûmes, à peu de distance, deux croix sur un petit monticule entouré de morceaux de bois; elles étaient placées sur le tombeau d'une Française et sur celui d'un Anglais. Cette vue nous attrista. Dans ces déserts, l'image de la mort semble encore imprimer plus d'effroi à l'homme, à l'idée que personne ne pourra verser des larmes sur sa tombe. Nous regagnâmes l'habitation, et, après avoir pris le thé et payé notre dépense, nous prîmes congé de cette intéressante famille.

A quelque distance, nous découvrîmes la rivière de l'Uspanapa et l'endroit autrefois appelé *Spiritu-Santo*[1]. A quels souvenirs la vue de ce lieu ne nous livra-t-elle point! Malgré nous le passé se retraçait à notre esprit : trois cents ans s'étaient écoulés depuis que Fernand Cortez avait posé le pied sur ce sol; ce fut l'époque des grandes découvertes et des grands crimes. Un seul homme osa se proclamer le défenseur d'un peuple que l'on massacrait, ce fut Las Casas; mais Charles-Quint, tout entier à ses conquêtes, n'avait pas le temps d'écouter la voix de l'humanité.

---

1. Ce fut la première ville que les Espagnols bâtirent au Mexique, quelques années après la prise de Mexico ; Sandoval fut son fondateur en 1524.

CHAPITRE VI.

Minatitlan. — La jolie douanière. — Les dames en bottes. — L'hôpital et
la mort. — Utilité des queues de chevaux. — Les chiques et les vers. —
Les serpents. — Les taureaux. — La jeune Allemande. — Territoire. —
Population. — Agriculture. — Intolérance religieuse. — La justice et
le Ceps.

Une partie de Minatitlan [1] est située le long de
la rivière, une autre sur une hauteur d'où l'on
découvre le fleuve, des forêts immenses et des

1. *Titlan* veut dire ville. Le nom de ce village vient du nom d'un parent au fameux Mina qui combattit pour l'indépendance de ce pays.

Il y a un alcade, un corrégidor et un commissaire. Tous les produits
de nattes s'y débarquent, tels que hamacs de maguey, selles de cuir,
bottines, chapeaux de feutre.

Le café et le cacao viennent de Tabasco, les premières marchandises
descendent le Guazacoalcos sur des pirogues indiennes. A Minatitlan il y
a des Mexicains, des Indiens, des Français, des Américains ; sa population est d'environ 900 habitants ; les plus riches Mexicains sont muletiers.

marais, et l'extrémité dans un vallon adjacent à des bois magnifiques, sur la lisière desquels je vis une infinité d'oiseaux-mouches [1]. L'église construite en bois est placée sur une éminence, ses fenêtres, en ogives, ciselées et à jour, lui donnent un air gothique, elle penchait un peu à droite. Le son d'une cloche fêlée appelait les fidèles, mais les habitants s'y rendaient rarement, ils faisaient leurs prières chez eux, n'ayant pas toujours de curé. Le soir, à six heures, le son monotone de cette cloche se faisait entendre pour l'*Angelus*, le soleil se couchant alors, le crépuscule me laissait entrevoir l'approche d'une multitude de moustiques, et parfois quelques-uns de mes camarades que l'on portait en terre. Ce tableau sombre attristait mon âme mélancolique. Assis devant ma case, fumant ma grande pipe, de nombreux soupirs s'échappaient de ma poitrine ; la vue de belles vaches qui venaient avec leurs génisses pâturer à notre porte,

1. C'est l'un des plus jolis oiseaux. Tantôt il voltige de fleurs en fleurs à deux pieds de vous, l'instant d'après il fend l'air avec rapidité, tantôt c'est une émeraude, une topaze, un rubis. Il y en a de verts, de bleus, de bruns. Vous ne l'apercevrez jamais sur la côte de la mer, au bord des fleuves, à moins qu'il n'y ait découvert de l'eau douce. Il habite le long des rivières boisées, autour des criques solitaires. Il bourdonne comme l'abeille. Il quitte sa retraite, avant le lever du soleil, pour se nourrir d'insectes, et y retourne au premier rayon, pour n'en ressortir qu'au crépuscule. Il bâtit son nid dans un endroit isolé, sur une branche flexible au-dessus de l'eau.

ajoutait à mes réflexions sinistres, et me rappelait des temps plus heureux.

La fièvre me donnant quelque répit, j'examinai le pays. J'y retrouvai notre commissaire de la barre et le chef de la douane, tous deux d'une complexion malingre et d'un physique peu avantageux. Le commissaire avait une femme basanée et desséchée; elle pouvait faire le pendant de son mari; l'un de ses fils, parlant français, s'entretenait souvent avec les colons auxquels il faisait de belles promesses. Il distillait des eaux-de-vie de maïs, de riz et de canne à sucre. Le petit rabougri de douanier, à la barbe longue et blanche, était plus favorisé de l'hymen; il avait une jeune femme fort jolie; ce couple offrait un contraste frappant.

Quelques Françaises de la deuxième expédition habitaient également Minatitlan; à la vue de nos aimables compatriotes, nos cœurs semblaient renaître à l'espérance. Elles partageaient notre exil, nos souffrances, et possédaient le don d'alléger nos peines. Je remarquai une jeune Anglaise, aux cheveux blonds et à la taille élancée, elle balançait son enfant dans un hamac; son habitation, construite en bois d'acajou, était élégante; la figure de cette étrangère annonçait le bonheur. Elle avait épousé un Français de la deuxième expédition, malgré ses parents qui étaient très-riches; elle partit peu de temps après, avec son mari, pour New-York.

Une jeune Française, assez jolie, perdit son époux prétendu, à la suite d'un repas d'œufs durs. Se trouvant délaissée, elle obtint son passage pour les États-Unis, ne se souciant pas d'être la garde-malade de quelque autre colon. C'était une modiste du passage Delorme.

Une autre Française se trouvait légitimement mariée à un bijoutier, d'une complexion faible, qui avait toujours les fièvres. Sa femme, vive et d'une bonne santé, faisait avec lui des promenades sentimentales. Je les rencontrai plusieurs fois dans un chemin solitaire frayé dans la forêt. La plupart des dames portaient des bottes pour se garantir des rosées et des piqûres des insectes, ce qui présentait un tableau assez grotesque. Une robe fait un triste effet sur une botte; vive un petit soulier avec le bas blanc et le noir cothurne! l'intéressante modiste en connaissait bien toute la valeur.

Madame Giordan habitait une petite case, et s'occupait du commerce d'épicerie. Je vis chez elle notre doyen d'âge du bord, venu pour terminer sa carrière chez son ami, il l'avait trouvé parti!... il reçut cette nouvelle inattendue avec courage, c'était un ancien militaire partisan de nos libertés, sa chevelure blanche inspirait le respect, son physique était encore agréable, sa taille imposante ; le sabre qu'il portait avait combattu dans nos rangs républicains ; comme moi condamné politique sous la restauration, son âme était encore ardente ; le temps avait accumulé les années sur sa tête, mais son cœur était resté jeune.

Quelles réflexions la position de madame Giordan fit naître dans mon esprit ! Voilà donc cette grande habitation de notre gérant ! ces vastes bâtiments destinés à nous recevoir ; ces belles plantations dont il nous avait fait une description si pompeuse ! Deux chambres et un petit jardin de quelques pieds de terre !...

L'ami de la deuxième expédition, que je comptais retrouver à Minatitlan, était le fils de Marmontel. Je l'avais vu à Paris, brillant de santé, concevant les plus belles espérances ; c'était un bel homme, extrêmement replet, je le reconnus à peine, sa figure livide, sa longue barbe, son œil morne annonçaient ses souffrances ; son corps frêle lui permettait à peine de marcher, et ses jambes couvertes de plaies étaient entortillées de linges ; autant il parlait avec enthousiasme du Mexique, sur le point de partir pour le Havre, autant il en faisait un tableau effrayant en ce moment. Je lui trouvai beaucoup de partialité ; mais, attribuant ses préventions à son état malingre, j'écoutai avec défiance ses récits, me gardant bien, jusqu'à plus ample information, de partager ses opinions qui pouvaient être très-erronées.

Peu de temps avant son départ pour New-York, il m'invita à un dîner d'adieu. Il brûlait de revoir la France; y sera-t-il arrivé ?... Il y avait laissé sa femme, mais sans enfants. Il fut le compagnon de la jolie modiste, mais son esprit était tout entier dirigé vers la gastronomie; il se réveillait quelquefois pour manger, criant la faim. Cette voracité que nous éprouvâmes tous provenait de nos longs jeûnes. Au dîner on servit un cochon de lait; je vis le moment où, sans nos remontrances, il en aurait placé une grande partie sur son assiette; en le menaçant d'une indigestion on modéra sa gloutonnerie.

Nous trouvâmes plusieurs Anglais assez bien établis; M. Baldiwin était à la tête d'une scierie américaine en activité. Il s'occupait à débiter des acajous. Son jardin renfermait des productions du pays[1]. Il fut, quelque temps après, arrêté et conduit au Ceps ; fut-ce pour affaire

---

1. La terre dans ce village est mauvaise, mais on ne peut plus propice pour la tuile et la brique. Les fours en sont construits. Un tuilier y ferait des affaires brillantes. Un menuisier de notre expédition gagnait assez d'argent, et fit plusieurs commodes et des secrétaires qu'il fit payer 200

d'intérêt ou de politique, s'étant prononcé pour le général Guerero ? c'est ce que je ne pourrais préciser.

Un autre Français, habitant ce pays depuis six ans, commençait à prospérer; sa case était vaste et solidement construite, des fenêtres et des portes en acajou la clôturaient; il donnait à manger et commerçait sur tout, ayant à son service plusieurs Indiens. Son père et sa femme n'avaient pas reçu de ses nouvelles depuis son départ. Son peu d'aménité, sa gloriole des riches parvenus, et plusieurs traits peu délicats, annonçaient que tous les moyens lui semblaient bons pour s'enrichir; mais il était bien avec l'alcade, ce qui lui valait toujours raison en cas de difficultés. Son silence, à l'égard de sa famille, donnait une triste idée de son âme.

Je commençais à respirer et à goûter ce calme que l'être souffrant peut seul apprécier. J'étais parvenu à couper ma fièvre avec du sulfate de quinine. Je faisais de petites promenades dans la forêt dont les beautés sauvages me capti-

---

et 3oo francs. Avec un métier et l'amour du travail, on se tire d'affaire partout. Que n'avais-je la santé et ma femme près de moi, je serais resté ! mais mon état constant de souffrance devenait alarmant, et l'heureux changement survenu en France, rendoit mon âme irrésolue. En voyant tout ce qu'il y avait à faire dans ce pays, je regrettais de n'y point établir des plantations et d'y joindre un peu de commerce, seul moyen pour faire fortune promptement.

vaient. J'apercevais des toucans à gros bec, des choux palmistes[1], j'admirais le cocotier à la tête arrondie et aux feuilles recourbées, le bananier aux longues et larges feuilles, et le palmier sauvage qui s'élevait avec ses branches gracieuses; j'examinais la feuille épineuse de l'ananas appelé pina; son écorce, fermentée dans de l'eau et du sucre, fait une boisson appelée agua de pina; mais, dans les endroits les plus ombragés, les maringouins, les chaquittes, les rodadors[2], les moustiques, les garapates[3], me faisaient bien vite poursuivre ma route. Je cherchais des iguana[4] sans en rencontrer. Je passai devant les lisières des chemins de la forêt que les Indiens incendiaient: ils sont dans cet usage pour chasser les insectes, les reptiles et les bêtes féroces.

J'arrivai à une belle savane où se trouvaient quelques cases ombragées par des palmiers, des orangers et des citronniers. La vue de cette

1. C'est le rejeton du palmier, ou cet arbre lui-même avant d'avoir déployé ses ailes; dépouillé de ses deux enveloppes on le mange ensuite. Il a cinq ou six pieds de haut sur deux à trois pouces de diamètre.

2. Ils ne piquent que le jour.

3. Le garapate a presque la forme d'une punaise: il a une multitude de pieds et une petite tenaille à la bouche qui se cramponne aux chairs et emporte la pièce.

4. C'est un gros lézard que les Indiens apprivoisent; il a une longue queue surmontée d'une crête écailleuse. Sa chair est délicieuse.

plaine d'herbes jaunes et hautes, me rappelait celles de France offrant le tableau de riches moissons. Cette immense étendue de terrain inculte navrait mon âme; avec quelle joie j'eusse voulu y tracer de riches sillons! combien de beaux épis dorés eussent embelli cette solitude! Je regardais comme un meurtre de laisser ces terres en état de jachères. Elles sont sans rapport, et la cognée du bûcheron résonne rarement dans ces forêts. Parfois, cependant, on rencontre des champs cultivés, que l'on appelle milpas; mais, malgré la fertilité de leur sol, les Indiens aiment si peu le travail, qu'ils achètent souvent du maïs [1]. Les Mexicains possèdent des lieues de

1. On ne pouvait leur donner le nom de Rancho que portent les fermes du pays.

L'Amérique a environ la moitié du territoire de l'Ancien Monde, et la population peut s'évaluer à 40,000,000 d'âmes, tandis que l'ancien en renferme vingt-quatre fois plus.

Au Mexique, la population est, dit-on, doublée tous les ans. Son étendue est de 75,830 lieues carrées, de 20 au degré équinoxial ; il a 6,800,000 d'habitants; Guatimala a 16,740 lieues et 16,000,000 d'habitants.

Le Mexique a par lieue carrée marine 90 habitants, la France 1778 ; au Mexique il y a des provinces où il n'y a que 9 à 15 habitants par lieue carrée, tandis que d'autres, sur le plateau central, en ont plus de 500.

L'agriculture et l'industrie y feront des progrès bien plus lents que dans l'Amérique du Nord, à cause de ses montagnes inaccessibles, de ses steppes nues et arides, de ses forêts impénétrables et de son atmosphère rempli d'insectes venimeux qui apportent de grands obstacles à toute espèce de culture. (HUMBOLDT).

terres qui leur rapportent peu de revenus[1]. Ce sont de grands propriétaires sans argent. Que n'ont-ils le talent de savoir faire produire, ils seraient immensément riches; mais ils n'ont point d'ambition, et ne peuvent s'imaginer qu'on puisse se donner de la peine pour obtenir le surplus du nécessaire. Heureuse indifférence des richesses et de l'or, ils vivent au milieu sans en sentir le besoin.

Ils ne peuvent concevoir comment les Européens quittent leur patrie. Après quoi courent-ils, se demandent-ils? Après de l'or! qu'ils doivent le détester ce métal, en songeant aux horreurs, aux maux qu'il leur causa. L'avide Européen ne vit que par lui et pour lui, il le cherche au bout du monde, jusque dans les entrailles de la terre, il lui sacrifie son repos, son existence et celle de ses semblables; il poursuit la fortune, il laisse derrière lui le bonheur, fils de la simplicité. Le modeste Mexicain est exempt de désirs et peu jaloux d'honneurs, la félicité devient son partage. Malheureusement quelques

1. Au Mexique, le droit de propriété appartient à la nation, le Mexicain n'a que la jouissance, transmissible et héréditaire. Ce n'est qu'au bout de nombre d'années que ce propriétaire reçoit une redevance, s'il a loué, et s'il voulait priver le fermier de sa jouissance, il serait tenu de l'indemniser de son temps et de ses débours.

Un Mexicain d'Acayucan possédait 30 lieues de terres et 19,000 têtes de gros bétail; il était député de l'état de Vera-Cruz à Mexico.

sprits remuants et guerriers divisent déjà cette
'épublique et troublent sa tranquillité : la civilisation ne peut-elle donc éclairer les peuples
sans avoir à sa suite la fortune et l'ambition qui
cherchent à enchaîner à leurs chars les faibles
humains !

Les Indiens attachent à la queue de leurs chevaux les branches de palmier et les arbres qu'ils
vont chercher dans la forêt pour construire
leurs cases; c'est une pauvre méthode de transport. Un Français de notre expédition, qui
avait apporté des colliers, voulut habituer ces
animaux à tirer avec leurs épaules, il réussit
assez bien; les Mexicains lui devront de la reconnaissance. Leurs chevaux[1] auront plus de
force, et traîneront des charges plus grandes,
avec bien moins de peine.

Nous allions fréquemment dans la forêt abattre les bois et les arbres qui nous convenaient,
sans que les habitants l'aient jamais trouvé
mauvais; il n'y avait pas de gardes forestiers
comme en France : la propriété est en quelque
sorte universelle, et chacun prend ce qui lui est
nécessaire.

1. Les chevaux et les vaches sont à bas prix : les premiers se payent
soixante à quatre-vingts francs, cent et deux cents francs; les juments
cinquante; les dernières soixante et quelques francs. Ces animaux pais-
sent librement. On ne sait point faire de beurre ni de fromage; le lait
est rare.

Il y avait à Minatitlan une vaste case qui ser-vait d'hôpital aux malheureux Français mala-des ; une odeur infecte s'en exhalait. On en voyait sortir de temps à autre quelques colons malingres, se traînant à l'aide d'un bâton ou d'un bras, mais plus souvent encore on aperce-vait les deux bâtons mortuaires y entrer avec des Indiens et le fossoyeur. On passait rapide-ment devant cette habitation, en retenant sa respiration et en détournant les yeux. Les uri-nes de ceux qui étaient attaqués de la fièvre étaient rouges comme du sang ; ceux qui avaient des maux de jambes et des clous étaient épar-gnés par elle. J'ai vu des Français enflés d'une manière horrible jusqu'à l'estomac ; des fric-tions mercurielles produisaient alors un bon résultat [1] ; les effets de ceux qui mouraient étaient aussitôt brûlés de peur de contagion.

Une espèce de petits vers appelés chiques [2], qui se trouvent sur le sable, s'introduisaient dans les pieds et causaient des démangeaisons incroyables ; si on négligeait de les extirper, il naissait une infinité d'œufs qui finissaient par attaquer les os. L'alcali mêlé avec de l'huile ou

---

1. J'ai sauvé ainsi la vie à un ouvrier de l'une de nos sociétés ; il tra-vaille maintenant dans les chantiers de Paris.

2. Les naturels les nomment *Nigua*. Ils attaquent plus rarement les pieds des indigènes ; les moustiques les piquent comme nous, mais ne leur cau-sent point d'enflure.

du tabac brûlé est un bon remède. Une jeune Française avait la complaisance de me les retirer; lorsque son partenaire mourut, elle s'en fut à Chinamecch avec un autre; mes pieds devinrent alors dans un état à croire que tous les doigts tomberaient. Je les enveloppai dans des serviettes coupées que je liai avec des cordes; lorsque je séjournai à la barre, lors de notre retour, mes jambes étaient tellement enflées par suite des piqûres des insectes, il y avait des trous si multipliés et si profonds, que j'étais obligé d'attacher mon pantalon au-dessus du genou, afin de ne rien laisser reposer sur ces plaies; les moustiques seuls, car je m'étais défait de mon moustiquaire à Minatitlan, ne craignaient point d'envenimer le mal. De grands vers provenant de la piqûre d'une mouche se mettaient aussi dans les chairs; ils pouvaient nécessiter une amputation et causer la mort.

L'eau était mauvaise, et l'odeur dangereuse du voisinage des marais contribuait beaucoup à donner ou à prolonger la fièvre. Si la chaleur était continue, les marais se desséchaient, ce qui était malsain; s'il survenait des orages, ils exhalaient des miasmes putrides. Les serpents venaient, pendant la saison des pluies, nous visiter jusque sous nos lits, et se réfugiaient aussi sous la toiture des cases.

Ayant beaucoup de peine à nous procurer du lait, nous usions en abondance et à très-bon compte, du chocolat, du café, du riz et des oranges. On faisait d'excellentes confitures avec la pelure de ces dernières; un confiseur espapagnol vendait, avec sa famille, diverses pâtisseries; sa fille, aux yeux noirs et aux formes élancées, était charmante lorsqu'elle pinçait de la guitare; elle venait souvent visiter une jeune Allemande qui habitait la même case que moi, car une simple rangée de bambous nous séparait. Lorsque mes forces me permirent d'aller puiser de l'eau à la fontaine solitaire, je la trouvai plusieurs fois prenant un bain mexicain en se versant de l'eau sur la tête; ses cheveux noirs flottaient sur son sein; à mon approche elle se couvrait de sa mantille.

Les Indiens allaient fréquemment chercher des bœufs dans les savanes pour fournir aux besoins du Pueblo. Ils les attrapent avec une agilité étonnante. Montés sur d'excellents chevaux, ils prennent le galop, ayant à la main un long cordage qu'ils jettent, avec une adresse extraordinaire, à la tête du taureau; rarement ils manquent leur coup; l'animal se trouve les cornes prises, et on lui en passe alors une autre dans les narines; on l'amarre ensuite à la queue du cheval; l'Indien part au galop suivi d'un autre qui le chasse. Il arrive quelquefois que le cheval s'abat : alors le cavalier est en danger, mais il est bientôt relevé. Il tourne rapidement autour d'un arbre pour attacher le taureau et l'abat avec une subtilité étonnante ; il a beau écumer et souvent rendre le sang par les naseaux, sa rage devient impuissante ; il succombe victime de l'adresse des Indiens.

Ils ne savent point débiter les viandes, ils coupent les bons et mauvais morceaux par bandes extrêmement longues, et ce qu'ils ne vendent pas il le font sécher au soleil, le salent et le mangent. On ne tue jamais de veaux.

On égorgeait presque tous les jours des cochons marron noir extrêmement gras. La viande mêlée à du maïs et à du piment s'appelle tomal, mais c'est un met peu sain dans les pays chauds, il faut en manger avec beaucoup de modération. Les Indiens ne connaissent ni le jambon ni le lard ; ils fondent la graisse de porc, et s'en servent en place de beurre ; ils l'appellent mantech. Ces animaux sont fort bon marché.

Je n'ai point vu de moutons, quoiqu'il y en ait dès troupeaux dans des villages plus éloignés. A Chinamech, à Acayucan, ces bestiaux que la chaleur fait tant souffrir sont maigres et d'une vilaine laine.

J'ai observé que les habitants avaient aussi les fièvres à certaines époques, mais ils s'en débarrassaient promptement. Ils sont adroits chasseurs et bons bûcherons; ils boivent beaucoup d'eau-de-vie, et sont souvent ivres sans s'en trouver indisposés : ils sont aussi sujets à des maux de jambes. Le meilleur remède contre les maladies c'est de ne point y penser, de fuir le lit, de prendre beaucoup d'exercice, d'éviter le soleil et de ne point s'endormir sous les arbres, soit à cause du feuillage ou des serpents, le sommeil pouvant devenir éternel.

La volaille, quoique abondante en dindes, canards de Barbarie et poules, est cependant d'un prix assez élevé; elle couche sur les arbres, aussi les chats-tigres viennent-ils souvent les visiter la nuit, ce qui cause une alerte générale; on tire alors quelques coups de fusil.

Les Indiens construisent leurs cases avec de la terre et de l'herbe et enduisent le dessus en chaux. Ils peignent une croix sur leur porte lorsqu'ils en ont. Il y a d'autres habitations plus distinguées bâties en acajou; les planches sont chères et peu propres à l'ébénisterie. Ils couchent souvent à la barre, sur des peaux de taureaux ou sur des nattes de jonc. Le gibier n'est pas très-abondant dans ces parages qu'il faut connaître pour en rapporter. Lorsque les eaux du fleuve sont hautes, on pêche peu de poisson[1].

Tous les huit jours, un courrier s'expédie de Minatitlan pour la Vera-Cruz, d'où il part un paquebot chaque mois pour la France. Nous recevions les journaux espagnols de cette ville; mais il y a quatre-vingts lieues à faire par terre pour s'y rendre (quarante-cinq par mer), et les transports, à dos de mulets, sont très-dispendieux : les chemins sont peu faciles pendant la

[1]. Les habitants des villages voisins viennent à cheval apporter au marché les diverses productions de leurs pueblos. On peut, en les parcourant, vendre avec avantage des étoffes en calicot, des rubans, des pantalons, le tout de pacotille, des foulards, des mouchoirs de couleur, aiguilles, ciseaux, fil, peignes, couteaux et miroirs. Les outils aratoires ne sont d'aucune valeur, et les fusils à piston fort peu estimés; ils payeront plus cher un fusil à pierre. J'ai vendu, à Campèche, les capsules quatre reaux le cent.

La poudre et le plomb se vendent bien. Le beurre, l'huile et le vin en bouteilles sont d'une bonne défaite, ainsi que le savon et le sulfate de quinine : un Anglais en vendait une petite pincée, à nous autres pauvres fiévreux, pour son pesant en or.

Une mécanique à toile, à chocolat, un moulin à eau, produiraient de grands avantages. Ils ont de très-beau coton, mais ils ne savent pas le tisser. Je leur ai vu cependant faire de la toile avec le chanvre du pays, qui croît dans les forêts.

Ce doit être la pita, espèce d'herbe lisse et plate comme une lame de sabre, dont on tire le chanvre, espèce différente de l'agave appelée maguey, dont on fait les hamacs à Tehuantepec, et dont on retire la pulque, principale boisson des hautes terres (*terras frijas*) : ils la grattent avec un couteau et en retirent des fils et des cordes très-estimés; ils la font ensuite sécher sur les toits, après l'avoir lavée.

J'ai vendu un alambic à Minatitlan, pour rien; à Campèche je m'en serais défait avantageusement. L'essentiel c'est d'avoir l'à-propos du pays, si je puis m'exprimer ainsi.

saison des pluies ; ils deviennent presque im-
praticables, par suite du débordement d'une infinité de petits ruisseaux, qui en font alors des
torrents [1].

Nous faisions usage du biscuit ou des tortilles de maïs, le pain étant rare et extrêmement
cher, malgré son mauvais goût produit par l'é-
chauffement de la farine. Que n'eussions-nous
pas donné pour manger du pain frais de France,
une salade à l'ail, un morceau de fromage de
Brie et pour boire une bouteille de bière ! Nous
formions alors les simples vœux du Parisien
qui hante les barrières, tant les privations mo-
difient les désirs de l'homme.

J'avais pour voisins une jeune Allemande et
son père, venus avec la deuxième expédition.
Son physique était assez agréable ; sa pâleur
annonçait que la fièvre ne l'avait pas plus respectée que les autres. Elle avait beaucoup d'attention pour moi, et le malheur nous eut bientôt fait faire connaissance [2]. Son père, quoique
âgé, était très-laborieux. Je fus, un soir, faire

1. Je n'ai reçu aucune lettre de ma famille pendant mon séjour au
Mexique ; il paraît que toutes nos lettres étaient interceptées à la Vera-
Cruz.

2. Une remarque qui peut être utile et que je ne passerai pas sous silence, c'est que presque toutes les Françaises quelque temps après leur arrivée, n'avaient plus de menstrues : c'est à la médecine à expliquer ce fait.

une promenade avec cette jeune personne; le père demeura gardien de l'habitation. Ses chiens et la pêche l'occupaient une grande partie du jour. Se promener dans une forêt, tête à tête, avec une jeune Allemande!... Ah! mon Dieu, oui; les Indiens y firent à peine attention, les Français pensèrent ce qu'ils voulurent. Cette jeune personne me conta ses malheurs, me dépeignit sa position et ses craintes de perdre son père. En effet, que serait-elle devenue? Je l'exhortai à prendre courage, car l'abattement ne remédie à rien. Je lui dis que, jeune et jolie, elle trouverait quelque colon qui s'estimerait heureux de partager sa destinée. Elle soupira; sans doute ce soupir était le désir de voir se réaliser ma prédiction. Dans ces vastes solitudes, on sent plus qu'ailleurs la nécessité de ne pas vivre seul [1].

Les Mexicains sont basanés et peu robustes; les Indiens, trapus et forts : ils portent leurs cheveux tondus. Les hommes ont de grands chapeaux de paille blanche ou noire, en feuilles de palmier, des caleçons blancs avec une chemise par-dessus ; d'autres en ont de couleur et des pantalons à l'espagnole, ouverts par le bas, avec

---

[1]. J'ai appris, depuis, que ce titre de père n'était, ainsi que celui de beaucoup de maris, qu'illusoire; que ce vieillard avait des prétentions sur cette jeune personne, qu'elle avait toujours repoussées, et qu'elle fut contrariée par lui dans une union qu'elle voulait contracter.

des pièces d'argent pour boutons. Beaucoup marchent nu-pieds, d'autres en espadrilles ou avec des brodequins, mais cela dans la classe plus élevée. Les Mexicains des villes portent un chapeau à longues ailes, avec un cordon d'argent, une culotte de peau, fendue par côté et garnie de boucles, descendant jusqu'aux pieds, jetée par-dessus un pantalon blanc. Les Mexicains ne raccommodent jamais leurs vêtements, ce qui est assez général pour le linge aux Antilles.

Les femmes ont de jolis traits, les cheveux longs et des formés arrondies, des visages larges et un teint cuivré; il y en a peu qui aillent nues: la plupart portent une longue jupe, un corset de batiste, un châle sur leur cou et un mouchoir de couleur sur leur tête, pour le soleil. Les Indiennes ont de grands peignes d'écaille, un collier de corail orné d'une médaille d'or, à l'effigie de Notre-Dame de Guadalupe, célèbre chapelle construite non loin de Mexico. Les Mexicaines de toutes couleurs, blanches, noires, basanées, ont la taille élancée, elles portent des bas à jour et des souliers de maroquin; les jours de fêtes elles ont un chapeau français. Au moindre coup de vent du nord, elles s'enveloppent de mantilles bigarées; elles sont très-sensibles au froid. Elles appelaient gachupins ceux qui parlaient espagnol, les croyant originaires d'Espagne[1]. Au Mexique, la religion donne seule les effets civils au mariage.

Dans les terres chaudes, les femmes sont grasses et les hommes maigres; c'est l'opposé dans les terres froides.

Plusieurs Français, n'ayant pas toujours été de bonne foi avec les indigènes, donnèrent une triste opinion de notre nation.

La justice est rendue par des alcades, qui, la plupart du temps, ne savent pas ce qu'ils jugent. Malheur au plaideur, s'il n'a quelques relations avec eux! Le ceps[2] est l'instrument destiné à punir les coupables. Ce sont deux énormes pièces de bois dans lesquelles sont pratiqués des trous pour recevoir les pieds, les jambes ou la tête du condamné. Ces malheureux sont forcés de garder des positions fatigantes, presque toujours couchés, exposés aux injures du temps et aux piqûres des insectes. Ce spectacle me révolta, on en retirait quelquefois qui pouvaient

---

1. Pour coloniser, il était indispensable de connaître l'espagnol.

2. Chaque village a son ceps, espèce de pilori, des soldats indiens armés de longs bâtons, un alcade et un maître d'école qui apprend à lire, écrire et calculer.

Lorsqu'il survint quelques discussions entre nous et le docteur allemand dont il sera parlé, au sujet de ses Mémoires, on nous menaça plusieurs fois du ceps: charmante perspective, pour des hommes qui proclament et aiment l'indépendance!

à peine marcher, leurs membres étaient engourdis : cette machine inquisitoriale m'inspirait de l'horreur, et me rappelait les temps barbares. Ce peuple a besoin d'apporter de grands changements dans ses institutions.

La classe indigène du Mexique est toute sous le joug du clergé et des riches, ce qui rend les votes illusoires lors des élections ; car elle est sous l'influence d'hommes qui possèdent la prépondérance. Les Mexicains ont proclamé la liberté, mais il existe une anomalie flagrante, le despotisme règne sur les croyances, l'intolérance religieuse est maintenue ! Le gouvernement primitif des Espagnols a laissé de profondes racines, le clergé y est tout-puissant ; les écoles se multipliant, l'instruction se répandant parmi la nation, elle apprendra à connaître ses droits et ses devoirs ; jusque-là, malgré sa liberté apparente, elle sera sous la verge d'une classe privilégiée, qui ne renoncera pas facilement à ses anciennes prérogatives ; habituée à courber la tête sur son passage, la classe indigène votera dans le sens qu'elle lui indiquera. Quel remède apporter à cette plaie, qui finirait par dévorer cette république naissante ? le temps et les lumières, qui doivent nécessairement éclairer la nation.

Il y a à peu près six mois de pluie dans ce pays, depuis juin jusqu'à la fin de novembre,

époque à laquelle se font sentir les vents terribles du nord, est qui, dit-on, chassent les moustiques. La meilleure saison pour arriver dans
cette contrée, afin d'éviter les mauvais temps et
les fièvres [1], c'est depuis novembre jusqu'en mai.
Il y a peu d'instants frais dans la journée; notre
thermomètre marquait assez ordinairement 24
degrés, et dehors de 30 à 32 degrés; il y a des
jours où il approchait de 40, mais cela était rare.
A moins d'un temps couvert et des brouillards
du matin, il fait extrêmement chaud. Il faut
avoir l'attention de se vêtir matin et soir, car
plus la chaleur est extrême pendant le jour,
plus la fraîcheur de la nuit est à craindre; ceci
est général par tous les pays que j'ai parcourus [2].

Les chevaux reviennent du pâturage chez leur

[1]. La fièvre était rebelle à tous les traitements; cependant le sulfate de
quinine la coupait assez ordinairement, mais elle était sujette à revenir.
Dans la convalescence, la tête tournait fréquemment : était-ce le sang ou
faiblesse? Nous n'avions point de médecin, et les sangsues, à la Vera-Cruz,
valaient une gourde la pièce.

Un apothicaire instruit aurait fait ici fortune en peu de temps. C'est le
trop de sang qui rend les Européens malades en arrivant; je crois néanmoins qu'il est dangereux d'en tirer : il faut laisser au climat le soin de
l'appauvrir, ce qu'il a bientôt fait.

[2]. Dans les contrées voisines des montagnes ou de la mer, il règne
continuellement trois saisons différentes, et la température varie à l'infini, suivant la hauteur des terres au-dessus du niveau de la mer. Malte-
Brun a dit : « L'été, le printemps et l'hiver, sont assis sur trois trônes dis-
tinctifs qu'ils ne quittent jamais, et qui restent constamment environnés
des attributs de leur puissance. »

maître pour y manger leur ration de maïs. J'ai vu plusieurs fois de nombreux troupeaux de ces animaux et de taureaux auxquels on fait, à certaines époques de l'année, passer le fleuve pour aller paître dans des savanes; des Indiens, montés dans des pirogues, présidaient à leur navigation, et empêchaient qu'ils ne s'écartassent de la direction. Je souffrais en voyant ces pauvres bêtes aborder à une rive souvent escarpée, couverte de roseaux ou d'une terre légère qui s'affaissait dans le fleuve sous leur poids énorme.

Les femmes fument, ainsi que les enfants, dont l'agilité et la force sont prodigieuses. Ils naissent tous avec des cheveux noirs fort longs. Dès leur bas âge ils montent à cheval, et portent de grosses charges de bois. Les Indiens sont armés de la manchetta, qui leur sert principalement à tracer des sentiers dans les forêts.

Les Mexicains aiment assez à se promener, la nuit, en chantant en espagnol et en s'accompagnant de petites guitares informes; ils sont grands amateurs du jeu, et j'en ai vu passer la nuit à jouer aux cartes, sur l'herbe, à la lumière; ils jouent gros jeu, si leur bourse le leur permet. Je me plaisais souvent aussi à assister, les jours de fête, au fandango, la danse du pays.

Les Mexicains se subdivisent en descendants d'Européens purs, appelés blancs, en descendants d'Africains purs ou Nègres, en mélange de blancs et d'indigènes, d'indigènes et de noirs, de noirs et de blancs. Le nombre des Indiens diminue chaque jour, car ils ont plus de peine que les Mexicains et bien moins d'aisance. Cependant, au Mexique, on ne connaît plus ce vil mot d'esclave, il est à jamais rayé de son vocabulaire ; il a dû en coûter d'énormes sacrifices au peuple, mais il s'enorgueillit d'avoir proscrit l'esclavage.

J'avais eu l'intention d'aller à Los Almagros, village indien près la Concession Villers, à quinze lieues de Minatitlan, dépendant du curé d'Altipa ; je voulais aussi visiter Cosoliacac, Altipa, Soconusco où il n'y a que deux à trois mille habitants, et d'autres pueblos indiens où l'on compte à peine vingt Indiens ou Mexicains. Si j'étais retourné par terre à la Vera-Cruz, j'aurais fait halte à Cuera Biejo, seul pueblo sur cette route : là le chêne annonce qu'il n'y a pas à craindre la fièvre jaune, cette terrible épidémie qui moissonne tant d'Européens ; mais il était écrit là-haut que je ne mettrais à exécution aucun des projets que j'avais conçus.

CHAPITRE VII.

Jouissant momentanément d'une santé passable, nous résolûmes de remonter le fleuve et d'aller prendre possession de nos terres à la Concession, s'il était possible de s'y établir. Nous partîmes avec quelques ouvriers malingres, quelques ustensiles, des armes et des provisions. Nous avancions lentement; à peine faisions-nous quatre lieues par jour, tant la force des courants contrariait notre marche. Nous avions eu la précaution de prendre un guide indien, afin de reconnaître le lieu qui nous était destiné. Les pluies abondantes nous faisaient craindre de retomber malades.

Le fleuve était bordé par de belles forêts; nous apercevions une infinité de crocodiles et d'oiseaux aquatiques de diverses espèces. Quelques cases ou villages projetés et établis par le consul Thadeo Orthis, se trouvaient de distance en distance sur le bord du fleuve, mais la plupart étaient abandonnés. Les naturels eux-mêmes, n'étant pas en assez grand nombre pour opérer un prompt et vaste défrichement, n'avaient pu résister à la multitude d'insectes malfaisants. Cette désertion des Indiens, qui devaient bien mieux que nous supporter ces souffrances, ne me firent pas bien augurer du voyage.

Nous parvînmes enfin à son terme : deux villages, nommés Masolotitlan et Tetotepec, nous annoncèrent que nous entrions sur nos terres ; mais, à l'aspect d'immenses forêts et de quelques places vides où croissait une herbe de dix pieds de haut et des roseaux, que pouvaient entreprendre quelques hommes intrépides? Ces savanes devaient être remplies de reptiles venimeux, et nous appréhendions leurs morsures. Plusieurs oiseaux d'eau s'enfuirent à notre approche; des animaux nous regardaient, étonnés sans doute de voir pour la première fois, hanter ces parages. Les Indiens, plus habitués que nous à se frayer des routes où un Européen resterait sur place, se jetèrent à l'eau au milieu des roseaux, traînèrent nos canots, et se mirent à tailler avec leur manchetta, roseaux, arbustes, afin de faire une place nette où nous puissions établir notre bivouac. Nous fîmes des feux, et, nouveaux Robinsons Crusoé, nous nous regardions tous sans rien dire. Encore avions-nous la consolation de ne pas être seuls; l'homme le plus courageux, abandonné à lui-même dans cette solitude, ne pourrait qu'y mourir.

Nous abattîmes des bois pour construire une hutte que nous couvrîmes avec des branches de palmier; mais cette cabane ne nous préservait que des rayons du soleil, et non des pluies. Nous prîmes un léger repas sur un arbre que le vent avait déraciné. Le soleil s'abaissait, et les ombres de la nuit disposaient notre âme à de tristes réflexions.

La voilà donc, cette colonie où nous devions trouver tant de sources de richesses; pas un seul Français, pas une seule habitation, pas un simple commencement de culture, rien n'annonce la présence ni le travail de l'homme. Environnée de vastes et impénétrables forêts, d'herbes gigantesques, l'œil contemplait ce tableau avec un respectueux effroi et une sorte de découragement. Nous nous attendions à y trouver trois cents Français établis, quelque asile, des secours, des conseils, et le plus affreux silence règne dans ces contrées sauvages; le cri aigu et monotone de quelques oiseaux interrompt seul le calme de ce lieu. Sans doute abandonnés à la barre, en butte aux maladies, sans appui, sans guides, le désespoir s'était emparé des premiers colons, et ceux que la mort avait épargnés erraient çà et là dans les villes, traînant une existence misérable.

Des nuées d'insectes vinrent bourdonner à nos oreilles; il fallut renoncer au repos. Nous allumâmes des feux qui ne nous garantirent pas de leurs piqûres. N'ayant pu établir nos moustiquaires, nous passâmes une nuit affreuse; mais nous étions familiers avec les souffrances depuis que nous avions posé le pied sur la terre du Mexique.

Aux approches du jour, nous nous levons harassés, et chacun essaye de pénétrer un peu plus avant pour reconnaître le pays; mais comment se frayer un passage dans ces forêts? La grosseur des arbres et leur hauteur attestent la fertilité de la terre, la force de la végétation; des lianes les entrelacent, des ronces et d'épaisses broussailles forment un fourré impénétrable, et si l'on aperçoit quelques endroits battus et frayés, c'est sans doute le passage des bêtes sauvage.

Peu de nous se sentent la tentation de connaî-

tre leur demeure. Les uns essayent leurs cognées
sur des acajous, la dureté du bois fait retentir
l'instrument bien au loin, et le silence morne
de ces forêts antiques n'est interrompu que par
le bruit de quelques Français qui osent imprimer un fer destructeur sur des arbres que le
temps et les ouragans ont été forcés de respec-
ter. Inondés de sueur, nos compatriotes reviennent la hache sur l'épaule et le découragement
dans l'âme.

Les insectes ne nous laissent de repos ni jour
ni nuit, notre corps est enflé et couvert de pustules, notre sang au dernier point d'irritation;
des pluies continues, dont nous ne pouvons
nous garantir, mettent le comble à notre misère. De grosses fourmis détruisent le linge et
les vivres, elles nous piquent sans cesse; des
chiques nous perdent les pieds, des araignées
monstrueuses se promènent sur nos bagages;
nous marchons sur le venin, pour ainsi dire.
Sans doute ce pays vierge est magnifique, son
coup d'œil admirable, c'est le sublime des
beautés de la nature à côté de l'enfer; mais,
lorsque le corps souffre, l'homme peut-il
éprouver quelques douces impressions? est-
il capable d'aucun travail? il ne peut jeter qu'à
la dérobée ses regards avides sur ce tableau de
l'univers, en cherchant à se soustraire promp-

tement aux hôtes dangereux qui le gardent.

Plusieurs de nos camarades étaient retombés malades, et je me sentis moi-même la fièvre. Convaincus de l'impossibilité qu'environ dix Français puissent demeurer sur la Concession, nous regardâmes, en soupirant, la place prétendue où devait s'élever la ville Laisné Polis, et gravâmes ces lignes sur l'écorce d'un antique acajou : « Quelques Français entreprenants sont « venus pour s'établir sur ces terres : ils n'ont « rencontré qu'obstacles, dangers, et aucun « aide. Ce 20 octobre 1830. »

La veille de notre départ, nous considérions pour la dernière fois, avec tristesse, ces belles forêts où nous avions, par anticipation, bâti tant de châteaux en Espagne; que de traversées fructueuses j'avais conçues, avec le bois précieux de l'acajou et celui du citronnier! mais que peut un seul homme dans un désert? fût-il environné de lingots d'or, il ne pourrait que les considérer. Ah ! c'est alors qu'il sent toute sa faiblesse.

Nous descendîmes promptement le Guazacoalcos, et arrivâmes presque tous malades et dans le plus triste état, à Minatitlan; ce pueblo n'offrait pas un aspect plus gai; on rencontrait peu de Français; presque tous gémissaient sur leurs lits, et ceux que l'on voyait se traîner d'une case à l'autre, ressemblaient plutôt à des spectres qu'à des humains. Je devins très-malade, la fièvre redoubla, suivie d'une dyssenterie continue[1]. Je ne pouvais plus quitter le lit, j'avais préparé une lettre pour ma femme, dans laquelle je l'engageais à venir à la belle saison. Je devais la donner à un Français qui partait pour la Vera-Cruz ; mais en voyant mon état empirer de jour en jour, je la remis tristement dans mon porte-feuille.

1. Je ne souhaiterais pas à mon plus mortel ennemi une année comme celle que nous avons passée, ce serait vouloir sa mort.

CHAPITRE VIII.

Le docteur allemand. — Suicide. — Le cimetière. — Le dîner à la
Savane. — Le songe et Marie. — Les deux perches funéraires.

La saison des pluies s'avançait ; elles étaient
encore fréquentes, mais sans être accompa-
gnées de tonnerre. J'étais jour et nuit dans un
bain de sueur, je pouvais à peine me traîner
d'un bout de la case à l'autre, je me laissais
abattre, je ne prenais plus d'exercice, je n'en
avais plus la force ; la maigreur de tous mes
membres me faisait apercevoir le danger de
mon état. Prenant un jour un miroir, j'eus
peine à me reconnaître ; je le posai bien vite en

place en soupirant. Tous les colons étaient dans le même état ; j'entendais dire chaque jour, on vient d'enterrer un tel ; moi-même j'avais le triste spectacle, de mon lit, de voir conduire mes camarades, en terre, sur les deux perches mexicaines. Cependant jamais je ne perdis l'espérance, je plaçais ma confiance en l'Être suprême, elle soutenait mon âme, et quoique mes camarades m'aient avoué depuis que j'avais été condamné par la plupart, et que, lorsque l'on demandait de mes nouvelles, chacun répondait : « Brissot est perdu ; la force du moral m'a sauvé. »

Par malheur, il arriva de Acayucan un docteur allemand, chargé, disait-on, par le gouvernement, de reconnaître le danger de la contagion. Sa conversation et la connaissance qu'il avait de plusieurs langues, firent croire qu'il était capable. Il ordonna force pilules ; notre état empira, la bouche, la gorge se remplirent d'aphthes, les mâchoires enflèrent, une salivation affreuse s'ensuivit ; plusieurs de mes camarades étant dans le même état, nous ne doutâmes plus que l'infernal disciple d'Hippocrate n'eût employé du mercure. Il l'avoua, et il dit qu'il nous avait mis au plus bas pour nous sauver. Nous fûmes, pendant plus de trois semaines, condamnés à mourir de faim ; ne pouvant desserrer les dents, il fallut se contenter d'un ou deux bouillons par jour. Nous dénonçâmes ce docteur à l'alcade, voulant qu'il exhibât son diplôme; il ne montra rien, et il n'en fallut pas moins payer une gourde par visite, ou aller au Ceps.

Ce docteur expédia, en vingt-quatre heures, un jeune passementier qui jusque-là avait résisté aux fièvres; il ne lui donna pas le temps de se reconnaître. Plusieurs de mes camarades moururent dans le délire, d'autres furent paralysés, un autre se jeta dans le fleuve : tristes effets de la fièvre chaude [1]. J'eus une nuit le délire ; je m'étais figuré qu'un des ouvriers colons voulait m'assassiner, je fis lever mon monde, je m'armai et pensai tuer, par méprise, un de mes associés. Je lui cédai cette nuit-là ma natte, et fus me coucher sur la sienne; peu d'heures après je me réveillai en sursaut, croyant entendre l'ouvrier poignarder, à plusieurs reprises, mon partenaire. Ma jeune voisine dans ses accès courait tout le Pueblo.

Reposant peu la nuit, je m'abandonnais à mes réflexions; mon état me désespérait; j'étais en proie à l'irrésolution. J'avais souvent envie d'al-

---

1. La femme de ce malheureux qui était accouchée récemment eut, après la mort de son mari, le courage de regagner Vera-Cruz avec plusieurs autres Français. Chargée de bagages et de son enfant, elle donnait l'exemple de l'intrépidité aux hommes, et quelquefois, la première, traversait à gué les ruisseaux qui coupaient la route.

ler visiter ces villes salubres et charmantes du Mexique : Jalapa[1], Puebla[2], Oaxaca et Mexico[3]; que de souvenirs y étaient attachés! Aussi le proverbe est-il dans le pays : Mexico le premier ciel, Puebla le second ciel, Orizava le purgatoire (à cause de son pic toujours couvert de neige, sur lequel la ville est bâtie, ce qui rend le climat froid), Vera-Cruz l'enfer[4].—Devais-je aller à Tlascotalpan[5], entrepôt général du commerce,

1. La Chambre des députés de Vera-Cruz s'y assemble.

Les maisons de campagne de Santa-Anna et de Bustamente en étaient peu éloignées.

2. Elle fut fondée par les Espagnols en 1533. La cathédrale est ce qu'il y a de plus beau. L'or, l'argent, les pierreries, la magnificence des habits sacerdotaux, les odeurs suaves des encensoirs, le son de l'orgue, tout convie le spectateur.

Les croisées de tous les édifices, au lieu de rideaux, ont de grandes feuilles d'albâtre très-dures et transparentes; les fonts baptismaux et les bénitiers sont faits de même.

3. Les femmes font peu de parure, elles mettent des plumes noires dans leurs cheveux. On les voit dans leurs loges, au spectacle, tenant l'éventail d'une main et le cigare de l'autre.

Les promenades sont ornées de statues, de fontaines et pavées. Les dames vont presque toutes en voiture; aussi, belles ou jolies, on ne peut les admirer : les jeunes cavaliers caracolent, avec grâce, autour d'elles.

4. Son climat est tellement dangereux, à l'époque du vomito, qu'un passager lyonnais de notre expédition, qui ne concevait pas qu'on pût avoir les fièvres après un assez long séjour au Guazacoalcos, se disposait à s'y embarquer avec une pacotille de vanille; en trois jours il fut en terre.

5. Le cacao et le café venant de Tabasco sont transportés à dos de mulet jusqu'à l'Uspanapa, puis remontés en pirogue jusqu'à Minatitlan. Portés de nouveau à dos de mulet, pendant 30 lieues, jusqu'au Passo, et

en essayer, ou me livrer au cabotage? Insensé! quelles étaient mes ressources? Ah! si j'avais eu des onces, je n'aurais pas quitté la terre du Mexique, sans aller admirer ces riches églises, cette magnificence somptueuse du clergé de la Puebla, qui dépasse de beaucoup par ses richesses, le goût excepté, la capitale du monde chrétien.

J'aurais voulu suivre Fernand Cortez à Mexico, luttant contre le climat, contre les difficultés d'un pays inconnu; il traverse des milliers d'Américains, avec une poignée d'Espagnols, et conquiert la capitale du Mexique. Honneur aux têtes entreprenantes qui immortalisent leur siècle en allant au bout du monde, avec quelques braves, arborer l'étendard de leur patrie! J'aurais réfléchi aux destinées des empires, en remarquant que tandis qu'à l'Orient les barbares du Nord font irruption en Europe, les peuples civilisés reconnaissent, en Occident, des peuples presque sauvages. J'aurais assisté, en idée, à la première entrevue de Montezuma et de Cortez, dont l'audace belliqueuse dut encore être relevée par l'éclat éblouissant de l'or et des pierreries. Il me semble le voir, la main appuyée fièrement sur

---

remis en pirogue jusqu'à cet endroit, deux goëlettes portent enfin ces marchandises à Alvarado jusqu'à Vera-Cruz. Alvarado est situé près de la mer, au confluent des fleuves Saint-Jean et Alvarado. Il y a un chantier de construction.

son épée, contemplant l'empereur mexicain, sa cour, sa nombreuse armée, se dire, avec ce sourire qui caractérise la satisfaction du grand homme : « Et je n'ai que cinq cents braves!... » Son habile retraite, sa bravoure dans les plus imminents dangers, cet étendard mexicain enlevé de sa propre main, le sauvent lui et les siens, et assurent la conquête de ce pays à l'Espagne. J'aurais voulu voir le lieu où l'empereur Montezuma tomba blessé par ses sujets révoltés!

Mais on me montre la place où l'infortuné Guatimozin fut étendu vif sur des charbons ardents, et tout cela pour de l'or! et cet or, les Espagnols le cherchent en vain dans le lac, leur soif ne peut être apaisée, ils l'étanchent dans le sang d'un monarque qui se soumet. Quel conquérant fut irréprochable? Ah! sur six pages de sa vie, il en est presque toujours une qui ternit l'éclat de sa gloire.

Assis, par une belle soirée du tropique, sur les bords du canal Chalco, j'aurais assisté au départ des habitants de la campagne, un jour de fête, à Mexico. Quel riant et pittoresque tableau sur cette onde limpide que couvrent alors des centaines de pirogues montées par des Indiens revêtus de costumes variés et dont les têtes sont ornées de plumes éclatantes; de jolis enfants, un peu basanés et presque nus, jouent sur le sein de leur mère, et la musique accompagne les rameurs. J'aurais voulu pouvoir, avec un pinceau, saisir l'ensemble du tableau magique. Ah! pourquoi ne pas envoyer nos jeunes artistes dans le Nouveau Monde! n'y a-t-il donc pour eux que le chemin de Rome qui présente des beautés? Mais il fallait renoncer à ces beaux projets, une seule idée, celle qui les tue toutes, celle qui rend l'homme morose et méconnaissable, revenait sans cesse : je n'ai point d'argent.

Dégoûté de toujours souffrir, j'arrêtai dans ma tête mon départ : une goëlette mexicaine était à Minatitlan, et je résolus d'en profiter. Je vendis, à vil prix, la part de mon matériel, n'aspirant qu'à arrondir, en doublons, ma bourse. Que de fois mon cœur se brisa péniblement à l'idée que je n'aurais jamais assez pour gagner le sol de la patrie. Je parvins à réunir 400 francs; je couchais, avec ce précieux trésor qui devait me réunir aux miens, s'il plaisait à Dieu. Je pris quelque nourriture, dès que le mercure me permit de desserrer les dents. J'essayai peu à peu de me lever quelques heures; la fièvre ne voulant pas me quitter, je suivis le conseil d'un Français : j'usai copieusement d'un café très-clair, et je parvins enfin à la couper.

Je visitais souvent mon voisin le président, qui ne songeait qu'à manger; notre jeune pro-

longé nous avaient rendus voraces. Il était bon
cuisinier et j'allais souvent partager ses repas. Je
me trouvais seul à ma case, mon associé, mes
ouvriers étant partis pour la Vera-Cruz, emportant les fièvres, et je sus, quelques jours après,
qu'ils étaient tombés malades à Acayucan. Se-
ront-ils arrivés à bon port [1] ?

Je cherchais à recouvrer mes forces, afin d'a-
voir celles de monter à bord. Ma première promenade un peu longue, ne fut pas gaie ; j'enfi-
lai le chemin tracé dans la forêt qui avait tant
de charme pour moi, je pris un sentier à gauche,
et, après avoir traversé le bois, j'arrivai au cimetière. Entouré de méchantes palissades, quelques croix de bois annonçaient seules que cet
endroit était destiné à la sépulture des morts.
Je demeurai quelques instants appuyé silencïeu-
sement sur celle d'un Français nommé Paul, elle
me retraçait de pénibles souvenirs : mes malheureux compatriotes gisaient là. Ce terrain était
élevé et en dehors de la forêt, à droite était un
rapide vallon qui semblait avoir été cultivé. Je
ne pouvais m'arracher de ce lieu d'affliction.
J'étais venu de France avec eux, je me rappe-
lais leurs projets, leurs conversations, et je me
disais : Ils ne sont plus ! un peu de terre les re-

---

1. J'ai été plus d'une année sans recevoir des nouvelles de ma famille.
Ah ! que la vie est un voyage de pénibles épreuves !

couvre… là!… je m'éloignai en soupirant, et en me disant : Du moins ils ne souffrent plus !

Peu s'en est fallu que je ne sois, comme tant de mes camarades, privé du bonheur de revoir ma patrie. En songeant aux dangers que j'ai courus, aux maux que j'ai endurés, je remercie, chaque jour, la divine providence.

Nous fîmes le projet, avec le cher président, d'aller passer la journée, à une lieue de là , chez un Français qui s'était établi dans la savane[1]. Je n'avais point encore fait de grandes promenades; munis d'une volaille, de sarcelles et d'œufs, nous nous mîmes, les deux convalescents, en route. Nous marchions comme la tortue, c'est-à-dire sans nous presser; nous avions

---

1. Ce jeune homme, assez instruit, dont le plaisir était de soutenir les mauvaises thèses, avait été dans le commerce, et je l'avais jugé, à tort, peu propre à l'agriculture. Sa conduite me détrompa, il fut un de ceux qui colonisa à Minatitlan. Il contracta un engagement, pour quinze ans, avec un des alcades, propriétaire de savanes. Si elles produisent d'abondantes récoltes, contre le dire des habitants, son affaire sera bonne; mais ce sont des sables où il paraîtrait qu'avec de belles apparences elles ne viennent jamais à maturité, brûlant sur pied. Il s'était choisi une compagne, fille d'un de ses ouvriers, il fit bien de s'assurer une société pour animer sa solitude. J'ai su depuis qu'il avait épousé cette jeune fille; dans les déserts les distances s'aplanissent. Il a aussi renoncé à la culture. Il avait un voisin de la deuxième expédition, qui perdit tout en remontant le Guazacoalcos. Cet homme, d'un certain âge, menait une triste existence dans ce désert; habitant une mauvaise hutte qui pouvait à peine le garantir des pluies, il n'avait pas une seule arme pour le défendre des bêtes sauvages, et souvent manquait de vivres.

de temps à autre, la fraîcheur de la forêt, et une
belle rosée qui traversa nos brodequins mexicains. Je trouvai un coutelas du pays sur le chemin, je le donnai, avant mon départ, au président; j'aurais dû garder cette curiosité étrangère.
Cependant nous arrivâmes, sans malencontre,
quoique un peu tard, mais, du reste, pourvus
d'un ample appétit capable de faire reculer d'effroi un maître avare. Aussi, après le bonjour
d'usage, la première explication fut de déjeu-
nèr. La jeune femme ne manqua pas d'occupations, mais elle nous reçut gracieusement.

Cette petite habitation était agréablement
située dans une savane entourée de forêts. Nos
estomacs satisfaits, nous reconnûmes les alen-
tours. Notre colon avait une source à peu de
distance, ce qui était un précieux avantage.
L'alcade lui avait donné un bœuf et un cheval
d'une extrême maigreur. Sa case longeait le
chemin qui conduisait à Chinamech[1] et Acayucan[2], les Indiens le fréquentaient les jours de
marché. J'engageai notre cultivateur à distiller

---

1. Chinamech Pueblo situé près de la mer, du fleuve du Guazacoalcos
et à 2 lieues d'Altipa, fournit chanvre et eau-de-vie de cannes ; plantation de café et de cacao, ce qui est rare, quoique le cacao soit originaire
du Mexique.

2. Acayucan, à 15 ou 20 lieues de Minatitlan, capitale de la province
du Guazacoalcos, 5 à 6,000 habitants. Le capitaine Garciarénas qui com-

des eaux-de-vie et à leur en vendre, lui disant que son bénéfice serait plus certain, surtout si les savanes étaient stériles. Cette case avait été construite par un Français de la deuxième expédition qui s'en retournait à la Martinique. Le matin et à la brune, il passait des nuées de canards sauvages; il y avait aussi, dans les environs, beaucoup de singes. Ayant tué une mère, le petit resta sur son corps; notre colon voulut l'élever, mais il mourut de chagrin peu de temps après.

Pour attendre patiemment le dîner, notre solitaire nous proposa une promenade à un étang situé à peu de distance; j'hésitai à accepter, car j'étais peu habitué à marcher, et le plein midi m'effrayait; mais comme il y avait une forêt à traverser, je me décidai à les accompagner. Après avoir parcouru une savane, nous arrivâmes au bois. Les arbres étaient d'une magnificence et d'une hauteur prodigieuses, le chemin des plus inégaux, de grosses racines nous arrê-

---

mandait à la barre y fut rappelé quelque temps après notre arrivée, il y était né. Il y a 300 hommes de garnison et un escadron de cavalerie.

Le riz, le maïs, la canne à sucre, le tabac sont la seule culture, ils ont abandonné celle du cacao. Acayucan est entouré de forêts; il y a un préfet, et un seul canon pour toute artillerie.

Acayucan, Chinamech, Altipa, quoiqu'entourés de forêts, n'ont point de moustiques, étant sur des lieux élevés, le voisinage des fleuves, des marais et des lieux bas les engendre seuls. Les moustiques percent jusqu'aux habits.

taient à chaque pas, il fallait monter et descendre ; on voyait que les eaux, plus que la main de l'homme, avaient tracé ce sentier. La fraîcheur était agréable, la multitude d'arbres de toute espèce, leur feuillage touffu, empêchaient le soleil de vivifier la terre ; mais une nuée de moustiques se jetaient avec furie sur les mains, sur la figure ; les oiseaux faisaient tomber des raisins dont la pellicule était fort épaisse ; d'autres graines jonchaient la terre, ainsi qu'une infinité de glands rouges qui provenaient du chêne[1]. On entendait des faisans, mais il était difficile de les distinguer à cause de l'épaisseur du feuillage.

Nous vîmes l'arbre de fer, appelé ainsi à cause de sa dureté ; il était dans cette partie d'une superbe venue ; autour de son tronc s'enlaçaient des fleurs aromatiques, de la vigne sauvage, des lianes ou des arbustes grimpants. Ces tableaux de la nature inculte offrent un tout autre aspect que nos forêts de France. Quand on a parcouru celles du Nouveau Monde, on ne peut plus admirer les nôtres.

Arrivés près de l'étang, il y eut un petit ruisseau assez profond à passer, chacun craignit de se mouiller, et nous revînmes sans poisson et sans avoir rempli l'objet de notre course. Les

1. Où croît le chêne, dit-on, la fièvre jaune n'atteint pas les Européens, mais il n'exempte pas des fièvres intermittentes.

moustiques nous firent doubler le pas; j'arrivai
à l'habitation, horriblement fatigué, nous eûmes
promptement expédié le dîner; après l'ample
tasse de café à l'indienne, nous prîmes congé de
nos hôtes et regagnâmes Minatitlan. Le soleil menaçait de disparaître avant que nous eussions
atteint la forêt. Nous rencontrâmes un troupeau
de chevaux qui erraient sur un chemin obscur
qu'ombrageait l'épaisseur des bois; ils s'éloignè-
rent lentement à notre approche, en rentrant
dans le taillis. Sur notre route, nous nous amu-
sâmes à reconnaître un arbre autour duquel
croissait la vanille[1].

Nous avions pris l'habitude de déjeuner solidement au point du jour, car il est dangereux
de rester à jeun : les Mexicains suivent ce ré-

---

[1]. Cette plante, de nature grimpante, vient s'entrelacer aux branches
des arbres les plus élevés; ses feuilles ressemblent de loin à celles de la
vigne; sa fleur est d'un fond blanc nuancé de rouge et de jaune. A cette
fleur succède une cosse dont les capsules s'enflent d'une manière sensible
et qui, dans sa parfaite maturité, est de la grosseur du doigt. Cette cosse
passe successivement du vert au jaune et au brun. Pour conserver le fruit
on le cueille tandis que la cosse est encore jaune, puis on le met en tas
pendant trois ou quatre jours, afin de le laisser fermenter. On le fait
ensuite sécher au soleil, et quand il est à moitié à sec, on l'aplatit et on
le graisse avec de l'huile de coco ou de palmier; puis on achève de le faire
sécher au soleil. On le graisse de nouveau avec la même huile, et on
l'enveloppe, en petits paquets, dans des feuilles de plantain et de roseau.
On prend garde de laisser les cosses sur la tige après la maturité, car, dans
ce cas, le suc balsamique qui donne à la vanille le goût exquis qu'elle
possède, s'échapperait par la transsudation.

gime ; on leur apporte le chocolat ou le café dans leur lit.

Pendant les longues nuits du Mexique on entend le chant multiplié des coqs, chant que j'ai toujours aimé parce qu'il rapproche de la nature et qu'il vous reporte à la campagne. Combien de fois me suis-je cru de nouveau habitant de ma ferme! hélas! que n'y étais-je encore!

Un jour où la chaleur avait été insupportable, je voulus aller respirer un peu l'air embaumé du soir sur la lisière de la forêt qui domine Minatitlan ; je m'armai d'un bâton, d'un briquet, de ma pipe, emportant *Béranger* et *La Fontaine* : pouvais-je être en meilleure société dans une forêt vierge du Mexique?

Je traversai d'un pas lent les cases éparses du Pueblo ; de belles vaches paissaient sur la pelouse ; les plus âgés des Mexicains se reposaient devant leur porte, dans leurs boutacles[1], et fumaient le cigare ; les Indiennes faisaient cuire les frijoles[2], les tortilles ou préparaient le pinol[3] ; ma jolie Espagnole confectionnait d'exquises marcasoles ou confitures, d'autres décrochaient des régimes de bananes ou tissaient, à la mode du

---

1. Espèces de fauteuils très-bas.

2. Ou haricots noirs.

3. Chocolat mêlé à du maïs. On le servait à la cour de Montezuma.

pays un coton d'une blancheur extraordinaire ;
que n'avaient-ils nos métiers de France! Quelques-uns étaient occupés autour de leur pressoir
à sucre [1] ; des cavaliers revenaient ventre à terre,
ayant en selle devant eux une jeune Mexicaine
qui portait souvent un enfant sur la hanche
droite; d'autres s'occupaient de distillation avec
des vases en terre et un tuyau de bambou. Des
enfants nus jouaient, devant la porte des cases,
avec des cochons marrons ou les chiens du pays,
au poil ras et terreux, aux jambes fluettes, au
corps maigre, au museau pointu. L'ensemble de
ce tableau pittoresque faisait naître en moi mille
sensations diverses : j'étais au milieu d'un peuple qui cherchait à tirer parti de ses riches productions, et de sa civilisation naissante à laquelle il ne manquait que quelques hommes
capables et éclairés pour accélérer ses progrès.

Après avoir gravi avec peine le sentier qui
conduisait à la forêt, sentant que mes forces m'a-
bandonnaient, malgré l'envie que je ressentais
d'explorer le pays, je m'assis sur un tertre qu'ombrageait un bananier. De cette sommité je découvrais Minatitlan avec son église gothique et incli-

---

1. Lorsque la liqueur est cuite, on la verse dans des vases, et une fois
solidifiée, on enferme le sucre brut dans des feuilles de palmier ; ces
pains s'appellent pinella. C'est la pinella fermentée dans l'eau avec du riz
qui fait l'eau-de-vie de canne.

née ; c'était l'heure de l'*Angelus*, et le son fêlé de la cloche que répétaient les échos du vallon, imprimait à mon âme de la mélancolie. Je lisais la chanson de l'*Exilé* : je l'étais en quelque sorte, une distance incommensurable me séparait de ma patrie, et je n'avais aucuns moyens de retour. Quelle triste perspective ! Une multitude d'oiseaux-mouches voltigeaient dans le taillis ; le chot-pilote, avec son corsage noir, était perché en face de moi, car c'est un oiseau observateur, toujours prêt à voir ce que vous allez faire ; des faisans couvraient de graines les pages de mon livre, et des troupes de perroquets frisaient la forêt en la faisant retentir de leurs cris aigus.

Peu à peu, malgré le jour qui s'abaisse et le bourdonnement des moustiques qui commencent à venir siffler à mes oreilles, l'air brûlant que je respire fait tomber le livre de mes mains, ma tête se penche, le sommeil s'empare de moi ; je suis plongé dans de douces rêveries, je vogue vers la France, je revois ma patrie ; lorsque tout à coup un cri perçant me tire de cet assoupissement, et j'aperçois une jeune fille, la belle Marie, les cheveux ornés de taons[1], se précipiter vers mes pieds en s'écriant : « Alacran ! alacran[2] ! »

---

1. Fleur qui se trouve dans les forêts.

2. On nomme ainsi les scorpions.

Une terreur visible est empreinte sur tous ses traits.

Je me lève en remerciant ma libératrice, car sans elle je pouvais être piqué mortellement ; mais, grâce à mes brodequins mexicains, j'en avais été préservé. Marie me fait des reproches sur mon imprudence ; j'écoute la belle prêcheuse, avec complaisance, en lui serrant la main. Chemin faisant, cette jeune fille est silencieuse ; tout à coup elle me demande avec vivacité si je suis marié. Je la regarde ; ses beaux yeux noirs brillent d'un éclat extraordinaire, je baisse les miens, et elle s'écrie en soupirant : « Ah ! es casada[1]!.... » et le silence n'est plus interrompu.

Arrivée à la porte de la case, Marie qui portait un fagot de bois, me dit avec un regard mélancolique : « Adios, señor Francese. » Le son de sa voix, l'expression triste de ses yeux me font demeurer immobile à la place qu'occupait naguère la jeune Mexicaine, et je la cherche encore quand depuis longtemps elle a disparu.

Avant de quitter la terre du Mexique, source de douleur pour nous, je ne crois point étranger à mon sujet de parler de la sœur de Marie, de la belle Julietta. Son histoire est encore trop

____

1. Vous êtes marié !

bien gravée dans ma mémoire pour la passer sous silence; elle servira, d'ailleurs, à peindre les mœurs et le caractère de ces jeunes filles de la nature.

CHAPITRE IX.

Julietta.

Parmi les colons de l'expédition se trouvait un jeune homme appelé Paul Thierry, issu d'une famille distinguée ; il quitta la France pour échapper à un sombre avenir : ses parents avaient perdu leur fortune dans de fausses spéculations. L'on accordait tout aux titres, à la richesse, à l'intrigue, il vit que sa carrière était à jamais fermée ; il abandonna le sol de la patrie à l'âge où le cœur ne rêve que bonheur et se plaît à se nourrir d'illusions ; son âme ardente avait embrassé avec joie ces explorations

lointaines ; des promesses brillantes l'avaient sé-
duit, et il se voyait, dans quelques années, vo-
guant vers son pays avec une brillante fortune.
Du moment où il entrevoit un avenir positif,
l'homme reprend courage, et il n'est rien dont il
ne soit capable. Des jeunes gens pouvaient
bâtir des châteaux en Espagne; mais ceux qui
avaient fourni les trois quarts de leur carrière,
que devaient-ils raisonnablement espérer de ces
projets de colonisation ? une tombe lointaine.
Cependant une noble pensée soutenait ces voyageurs blanchis par les ans; l'entreprise, cou-
ronnée du succès, leurs enfants en profitaient,
et le courage et l'espérance avaient présidé à la
traversée, chacun avait entrevu une position sociale. Il est si triste d'en être privé qu'il n'est
pas étonnant qu'on cherche à s'en créer une.
Celui qui possède tient à l'existence, celui qui
n'a rien doit sans cesse poursuivre une meilleure chance.

Paul atteignait sa vingt-deuxième année; son
physique agréable, mais délicat, se ressentoit
du climat brûlant de l'Italie sous lequel il étoit
né : on remarquait dans sa démarche, dans
ses grands yeux bleus, un certain air de nonchalance qu'augmentaient encore ses cheveux
blonds et ses formes sveltes. Son père était officier supérieur à Naples, lorsque le premier

consul dictait des lois au pape qui devait, peu
de temps après, sacrer l'heureux guerrier. Lorsque l'on songe aux changements opérés par les
siècles, aux vicissitudes humaines, une triste
pensée assaillit l'âme et l'on s'écrie : Ah! sur
cette terre il n'est rien de stable! le soleil d'Aus-
terlitz qui faisait étinceler les armes de nos braves, dessèche aujourd'hui le saule pleureur qui
ombrage la tombe de Napoléon à Sainte-Hélène!

Paul n'avait point été heureux dans une première inclination ; un rival puissant et riche
l'emporta. Forcé de renoncer à ses rêves de félicité, il reconnut que l'amour n'est qu'illusions,
que les femmes, même les plus passionnées, se
laissent séduire par la fortune ; il jura dès lors
d'en acquérir. Il partit avec cette triste pensée
qu'il n'était point aimé.

Pendant la traversée, Paul s'était lié avec
moi ; sa conversation et ses sentiments romanesques me l'attachèrent. Cependant une seule
pensée le maîtrisait, celle de la fortune ; elle
était la cause de son malheur. Il me disait :
« Que ne pouvons-nous, à l'aide de ces inventions
sous-marines, visiter le fond de la mer! nous
laisserions les mines du Mexique et ces malheureux explorateurs qui arrosent de leur sang ce
métal qu'il faut à tout prix aux Européens! Que
ne sommes-nous possesseurs de ces lingots d'or

qu'engloutit la tempête! nous virerions de bord, nous ferions des heureux! Avec quel plaisir alors je reverrais la France! je chercherais à éblouir mon infidèle, je jouirais de ses regrets : je serais riche! J'essaierais de ravir à mon rival le cœur de sa femme, et si un destin malencontreux me faisait tomber sous son poignard, je lui dirais en expirant : J'ai su rallumer en son âme cet amour que ta fortune m'avait ravi ; je meurs vengé. »

En posant le pied sur cette plage, l'objet de tous nos vœux, je perdis de vue Paul qui ne faisait pas partie de la même société que moi. A la barre nous échangions quelques mots d'amitié ; puis cet avenir déçu, qui avait atterré les esprits les plus forts, la maladie qui était arrivée presqu'aussitôt, firent que chacun s'enveloppait, si je puis m'exprimer ainsi, par anticipation, dans son linceul de mort, escorté par les sombres soucis et le désespoir de l'exilé.

Lorsque nous eûmes remonté le fleuve, je retrouvai Paul à Minatitlan. J'avais alors une fièvre ardente. J'allais souvent, aidé d'un bâton, vers les sentiers solitaires de la forêt. Bravant les moustiques que l'ombre attirait, les ronces, les épines, les piqûres des bêtes venimeuses, j'admirais ces forêts vierges, ces arbres que les siècles avaient respectés ; et lorsque je songeais

aux divers peuples qui les avaient possédés, je
me demandais quel en serait le dernier maître.

Près de cette forêt, sur une hauteur qui domi-
nait l'église, étaient situées deux cases qu'environnaient quelques taillis sur lesquels voltigeait
l'oiseau-mouche. Des bois fendus, des bambous,
une toiture en feuilles de palmier, des enduits
en herbe et en terre, composaient la bâtisse de
l'habitation. Paul occupait celle qui était peu dis-
tante de la mienne. Un palmier, dont les branches pendaient sur la toiture, l'avait fait appeler
la case du palmier; une famille indigène et deux
jeunes Mexicaines en étaient les propriétaires.

Lorsque je visitai Paul, j'admirai la beauté
de ces jeunes filles : elles avaient de beaux yeux
noirs, et des cheveux de la même couleur
qu'un peigne d'écaille retenait sur leur front.
Quelquefois la fleur de la forêt ornait leur chevelure, le sourire habitait sur leurs lèvres, et
leur teint, un peu basané, faisait ressortir la blancheur de leurs dents; sur leur sein se soulevait
un collier de corail, auquel était pendue une
médaille d'or à l'effigie de Notre-Dame-de-
Guadalupe. Une jupe courte laissait apercevoir une jambe bien dessinée, et l'on souffrait
en voyant leurs pieds nus s'enfoncer dans le
sable brûlant; car le soulier ou le brodequin
rouge étaient réservés pour les jours de fête.

A la vue de ces jeunes filles, nous nous reportions au temps de Cortez, à ces prêtresses du temple du Soleil, et, nous regardant avec émotion, nous semblions nous dire : Quelles sont ravissantes ces Mexicaines ! leurs charmes enivrent et brûlent le cœur, comme leur climat dessèche le corps !

Un soir, après avoir fumé le tabac de France, car, sans cela, je me serais cru le lendemain au cimetière de la forêt ; un soir, dis-je, je m'étais jeté sur mon lit, j'étais dans une espèce d'anéantissement. Le crépuscule commençait à poindre, des nuées de moustiques m'avaient fait entourer de mon moustiquaire. J'entends marcher précipitamment, et pousser ma porte de roseaux. J'habitais seul ma case, mes compagnons étant partis pour la Vera-Cruz, en proie à la fièvre, et sans autres soins que ceux que la Providence me donnait la force de me procurer. « Qui est là ? » m'écriai-je, en mettant la main sur mes pistolets ; car je couchais avec mes armes, plutôt à cause de mes compatriote que pour les indigènes.

Paul m'eut bientôt rassuré ; il s'attrista de me voir toujours malade : sa santé jusqu'alors avait défié le climat. J'étais l'enfant abandonné dans le désert, et lui l'objet des attentions de jeunes filles qui eussent rendu la vie à un moribond ; je n'avais d'autres distractions que le cri du chat tigre, d'autres visites que celles du serpent qui se glissait sous ma natte, ou celles des moustiques acharnés. Mon chien veillait seul sur moi ; encore était-il forcé de s'enfouir dans le sable pour être moins piqué. Combien notre position était différente ! Je ne sais trop si Paul n'eût changé ma case pour la sienne, et si la présence de ses hôtes n'était pas plus dangereuse pour lui que la fièvre qui me dévorait : celle d'amour est la plus terrible de toutes.

Paul s'était assis, après avoir allumé ma lampe que les moustiques menaçaient à chaque instant d'éteindre ; son coude s'était appuyé sur quelques planches clouées sur quatre pieux ; une malle lui servait de banc : véritable habitation à la Robinson, que la maladie nous avait empêché de rendre plus commode.

J'adressai maintes questions au visiteur, je lui demandai s'il avait terrassé quelques serpents ou quelques tigres ; s'il avait eu le spectacle de l'oiseau fasciné par le serpent à sonnette. Il y avait de la fascination dans son aventure, car la beauté est souvent un serpent pour nous : il s'affligeait de la présence de ses jolies Mexicaines, d'une rencontre. Combien de Français auraient voulu être à sa place ! un breuvage, donné par elles, devait empêcher de mourir. Ma gaîté constante, malgré la maladie qui me minait, l'étonnait : j'avais souvent le sourire sur les lèvres et la mort dans le cœur. Tel était mon caractère, l'homme ne se fait pas. Avant de prêter attention au jeune narrateur, je versai une goutte de wisky dans mon coco, avec de l'eau de la fontaine où tant de fois j'avais vu ma belle Espagnole... Un doux souvenir fait du bien... Ma tête brûlait ; cependant, ma fièvre s'apaisant, je descendis de dessus ma natte, et nous fîmes une guerre à mort aux moustiques avec la fumée du cigare.

« Vous connaissez, me dit Paul, en envoyant méthodiquement sa fumée de tabac à droite et à gauche, le sentier qui conduit à ces savanes, tantôt desséchées, tantôt présentant une plaine d'eau ; si le pays est aussi malsain, c'est à cet entourage de marais que nous le devons. Une des fontaines se trouve auprès, si l'on peut donner le nom de fontaine à un trou pratiqué en terre. Je me promène de ce côté, mon fusil sur l'épaule, poursuivant un faisan dont j'ai résolu de faire hommage à mes jeunes hôtesses. Arrivé à la fontaine, du bruit se fait entendre ; je m'approche doucement du feuillage qui la masque, qu'aperçois-je ?.. les deux jeunes Mexicaines : elles se versent de l'eau sur la tête, et semblent prendre un plaisir indicible à ces immersions en usage dans le pays. Je demeure immobile : leurs noires cheve-

lures flottant sur leurs reins, distillent l'eau goutte à goutte, et la simple toile qui couvre leurs formes, les dessine à ravir. J'aurais voulu n'être pas venu ; je tremble de faire du bruit, de troubler leur bonheur ; mais en m'éloignant, je fais un faux pas, elles poussent un cri ; et, se cachant l'une l'autre, me font signe de m'éloigner. »

L'image de la jeune Mexicaine semblait vivement préoccuper l'esprit de Paul. Je ne vis cependant rien de bien affligeant dans son récit : s'il était écrit là haut qu'il l'aimerait et qu'il en serait payé de retour, j'étais persuadé que l'amour l'emporterait. Il parlait assez bien l'espagnol ; il lui était facile de se faire comprendre. Je l'engageai à aller rêver à Julietta, et je me disposai à goûter quelques heures de repos si la fièvre me les accordait. En ce moment une troupe de Mexicains descendaient la montagne, en faisant retentir le vallon de leurs chants espagnols, et en s'accompagnant de la guitare : ils se plaisent ainsi, pendant les belles nuits du tropique, à errer d'habitations en habitations.

Ces chants annonçaient que la nuit était avancée. Paul prit son chapeau et regagna son hamac ; je lui souhaitai des songes agréables ; il referma ma barrière. Mexico, mon chien, après m'avoir caressé et fait le guet, se remit dans son trou, et je m'enveloppai de mon moustiquaire.

Je m'acheminais lentement, un matin, vers l'habitation de Paul; Julietta était absente. Marie, qui par sa beauté pouvait le disputer à sa sœur, vanait du cacao, Paul occupait le boutacle d'honneur, la mère faisait des tortilles, tout en causant avec un capitaine mexicain. Julietta revint avec un fagot sur la tête; Paul l'aida à le mettre à terre. Le père arriva, excitant de la voix et du geste son cheval qui traînait, avec sa queue, un arbre énorme. Après quelques paroles échangées entre Marie et Paul, je vis ce dernier pâlir et entrer précipitamment dans l'habitation. Que se passe-t-il? me disais-je. Marie, d'un caractère gai, se balançait dans un hamac; Julietta était rêveuse, son père et sa mère attendaient qu'elle rompît le silence; le capitaine, dont les regards se portaient alternativement sur elle et sur ses parents, fumait tranquillement sa cigarette.

Cette scène était une énigme pour moi; Paul était allé rejoindre Marie, et, se mettant à l'opposé, se balançait avec elle dans le hamac; mais ses yeux se portaient à chaque instant sur Julietta.

Nous fûmes interpellés par la famille, car je comprenais aussi l'espagnol : on nous demanda si, en France, une fille refuserait la main d'un homme riche. Nous répondîmes qu'il y avait de ces sortes d'exemples. « Eh bien, nous dirent-ils, vous n'avez pas le sens commun; on doit chercher à améliorer sa position. » Julietta rompit enfin le silence, en s'écriant qu'elle était heureuse près de ses parents et qu'elle ne voulait point les quitter. Ses yeux rencontrant alors ceux de Paul, une vive rougeur anima sa physionomie.

Les parents cherchaient à mettre Paul dans leurs intérêts; le capitaine s'approchait de Julietta, une impression pénible se remarquait sur les traits de mon ami; mais celle-ci, fuyant les importunités de son prétendant, fut vers lui, et, le regardant avec émotion, elle le fit juge de la discussion, promettant de s'en référer à sa décision.

Paul était dans une alternative embarrassante, en songeant à la position honorable qui s'offrait pour son hôtesse; il allait parler en faveur du capitaine, lorsque ses yeux se rencontrent avec ceux de Julietta : son inquiétude, sa pâleur, son air suppliant, décidèrent de sa réponse : il l'engagea à suivre les impulsions de son cœur qui devait seul la guider en cette circonstance; il y allait de son bonheur. « Eh bien, s'écriat-elle, je reste avec mes parents, et je remercie le señor don Garcios de son offre flatteuse. » Elle rougit, et chercha à lire dans les yeux de mon ami l'impression que sa réponse avait produite sur lui ; ses regards étaient fixés vers la terre, mais son émotion était visible.

Je m'approchai de Paul et lui dis à l'oreille : « Le sort en est jeté, vous aimez Julietta qui vous paie de retour. » Le capitaine s'en était allé en jetant son cigare avec un certain dépit. Je laissai les habitants de la case en proie au désappointement. Mon ami devait être le plus embarrassé, si son amour était soupçonné ; mais il avait été jusqu'alors assez maître de lui pour ne le laisser connaître à personne, pas même à la jeune vierge : il avait fallu cette circonstance pour faire naître cette espèce d'aveu tacite. Son esprit religieux, le souvenir de sa naissance, et les préjugés de son pays, devaient livrer de pénibles combats à son cœur.

Au Mexique, les jours sont à peu près égaux aux nuits. Un matin, je venais de quitter ma natte, les moustiques s'éloignaient, je faisais un mets composé d'œufs et de farine de maïs, attisant quelques branches d'arbres ; Mexico suivait mes mouvements, reposé sur ses pattes de derrière, attendant son repas ; on trayait les vaches attachées aux pieux de la métairie du pueblo ; les colons, le medio et leur vase à la main, allaient acheter du lait. Les Mexicains venaient de la forêt apportant des oranges, du café, des bananes, des ignames et des patates, ou s'y enfon-

çaient avec leur manchetta ; des cavaliers con-
duisaient un taureau enlacé par les laceros,
d'autres tuaient leurs cochons ; les Indiennes
faisaient fondre leur graisse, préparaient leurs
tortilles, leurs marcasoles aux ananas, aux
oranges, ou leur pinol au maïs. Un matin, dis-
je, Paul entre avec vivacité : son sort était
décidé ; le Mexique devait être désormais sa
patrie, ce pays pouvait lui offrir encore le
bonheur. Adieu la France! il abjurait les préjugés, il voulait être heureux; et que faut-il
donc tant à l'homme pour l'être? un coin de
terre et une femme qui vous aime; mais, hélas! ce coin de terre pouvait être pour lui au
cimetière....

Je retirais un gâteau qui commençait à s'é-
paissir, et agitant mon café mexicain je vis
qu'il y avait encore de la belle Julietta. Il m'assura que sa destinée était désormais attachée à
la sienne; il me parla de l'orage de la veille.
Ils passaient pour ainsi dire inaperçus dans un
pays où chaque jour semblable phénomène se
reproduisait; l'homme se fait à tout, même à
ces commotions violentes qui semblent vouloir
bouleverser le globe. Paul était alors dans la forêt, la chaleur était étouffante, les nuages s'a-
moncelaient; il jugea prudent de regagner la case:
les éclairs se succédaient rapidement, le ton-

nerre grondait dans les montagnes; il hâtait le
pas, craignant de ne pas arriver avant un déluge de pluie.

Parvenu à un vallon solitaire, non loin du
cimetière, il entend un bruit plaintif; l'épaisseur de la forêt, les feuilles et les lianes l'empêchent de rien distinguer. De nouveaux cris dirigent sa marche; arrivé sur un tertre ombragé
par quelques palmiers, il aperçoit, grand Dieu!
Julietta renversée à terre, se débattant contre
un Français! Il s'élance sur lui, et, recouvrant
une force inespérée, le saisit à la gorge en le
traitant de lâche! Une lutte s'engage; le ravisseur le menace de son poignard; mais sa rage
est impuissante, les cris de la jeune fille l'ont
sauvée. Le ciel veillait sur elle; c'est la belle
hôtesse de Paul, il la protégera : malheur à celui qui lui manquera! Cachée derrière lui, elle
attend l'issue de la discussion, remercie son
libérateur et l'étreint avec force, repoussant
d'un geste son séducteur; l'indignation se peint
dans ses beaux yeux.

Paul arme son fusil; il veut contraindre le
Français à quitter la place; ce dernier recule de
quelques pas en mettant la main sur sa dague;
il semble se disposer au combat : confiant dans
sa force physique, dans son expérience dans les
armes, un sourire sardonique erre sur ses lèvres,

cependant il s'aperçoit que la lutte ne sera pas égale, il est le plus faible, il doit céder; mais après-demain, à l'heure de l'*Angelus*, à cette place même, la cloche de l'église sonnera le convoi de l'un ou de l'autre.

En voyant son ravisseur s'éloigner, Julietta qui jusque là avait rassemblé toutes ses forces, se sentit défaillir; elle tomba dans les bras de Paul et perdit connaissance. Il cherche à la ranimer, mais sa tête se penche sur ses genoux : sur cette jeune fille l'idée du crime a produit une trop violente émotion pour pouvoir y résister longtemps. Il desserre le ruban qu'il lui a donné à son arrivée de France; il ôte son peigne d'écaille, son collier, et, entr'ouvrant ses lèvres décolorées, il lui fait avaler quelques gouttes de wisky : elle est plongée dans un profond évanouissement; sa main seule serre fortement celle de Paul. Tout à l'heure elle repoussait un Français indigne de ce nom, et maintenant, avec le calme de la vertu, elle repose près de son libérateur. Ses cheveux noirs flottent négligemment sur les vêtements et sur la figure de mon ami, le vent leur fait quelquefois effleurer sa bouche, il respire son souffle. A quels combats son âme délirante est en butte à l'aspect de cette beauté qui s'abandonne à lui sans défiance!

Cette scène n'avait point laissé le temps à Paul d'apercevoir les éclairs qui perçaient le feuillage : le tonnerre était proche et menaçant; mais lorsque la pluie tomba, il vit le danger de sa position. Julietta était toujours évanouie; une obscurité profonde régnait sur la forêt; à la clarté de la foudre, il cherchait sur le front de la jeune fille si elle reprenait ses sens. Connaissant le danger de rester sous les arbres, et préférant recevoir la pluie, il saisit Julietta dans ses bras et la dépose, non loin du cimetière, sur un tertre découvert.

Ce déluge d'eau lui devient salutaire, son pouls se ranime, ses yeux s'entr'ouvrent, elle tressaille, et s'assure que c'est bien Paul. Sans inquiétude alors, elle peut mourir tranquille : elle n'a point oublié ce qu'il a fait pour elle. Son accent espagnol, sa voix encore faible donnent du charme à ses paroles. Comment regagneront-ils la case avec le temps qu'il fait ? Paul est mouillé! Julietta est habituée aux orages du pays; mais lui!... si elle allait être la cause d'une maladie; et, s'apercevant qu'il s'est dépouillé de ses habits pour la couvrir, elle frémit. Grand Dieu! il n'a sur lui qu'une simple toile, et il est Français; il peut en mourir!... Le forçant alors à remettre ses vêtements, elle cherche avec anxiété à lire dans ses yeux s'il ne souffre pas. Assise près de son jeune protecteur, sa main n'a point quitté la sienne.

Le vent siffle avec force dans le feuillage, les branches craquent, la tempête déracine les arbres, la pluie redouble, le tonnerre ne se fatigue pas de faire résonner les échos d'alentour; la nature est en combustion : le cœur de la jeune fille et celui de Paul sont-ils plus tranquilles ?

Lorsqu'elle songe qu'il retournera peut-être en France.... elle pousse un soupir et garde le silence. Paul cherche à calmer son émotion, il ne veut point anticiper sur l'avenir : peut-être est-il dans sa destinée de mourir ici. En ce moment, un éclair prolongé laisse apercevoir à Julietta les croix du cimetière ; elle tressaille. Quelle affreuse pensée! peut-il être assez cruel pour la lui faire envisager ? Loin de lui l'idée d'aller augmenter le nombre de ses malheureux compatriotes! il a voulu seulement lui faire entendre qu'il se fixera au Mexique. Oh ! puissent ces belles forêts l'y engager! Julietta ne pourrait supporter l'idée du départ, et la jeune fille se laisse entraîner aux rêveries d'un amour violent. Paul, pouvant à peine maîtriser une passion qu'il veut concentrer au fond de son cœur, promet à la jeune vierge de se fixer à jamais dans son pays. Que cet aveu fait de bien à la pauvre Julietta : elle pourra le voir, le servir, lui prodiguer les soins d'une tendre sœur, aimer de toute son âme son libérateur, et sa joie naïve approche du délire. Paul garde le silence, craignant de ne point résister à tant de séductions.

L'orage ne pouvait durer longtemps, ils allaient bientôt regagner la case. Combien les parents de la jeune fille devaient être inquiets!... Mais il lui reste un faible souvenir de la scène affreuse.... Si sa mémoire ne la trompe pas, ce Français a menacé Paul, et a marqué du doigt cet arbre qu'ils ont quitté ; le regard d'une amie est perçant, et celui de la fille du désert est prompt comme le vol de l'aigle qui fend la nue. Elle accable, avec inquiétude, Paul de questions ; il cherche à la rassurer ; mais, placée derrière lui, elle a saisi ses gestes, et elle est certaine qu'ils doivent se mesurer à ce lieu même.

En cet instant, un éclat de tonnerre se fait entendre ; et la foudre brûle l'arbre sous lequel naguère ils étaient assis : s'ils y fussent demeurés, c'en était fait d'eux. La jeune vierge serre fortement le bras de Paul : il lui sauve l'honneur et la vie, et elle y tient maintenant, car elle espère encore être heureuse. Elle jure au fond de son âme de veiller sur lui, elle préservera ses jours ; car, s'ils sont de pauvres enfants sauvages, le ciel leur fit don du courage.

L'orage a cessé : le vent pousse rapidement les nuages qui voilent parfois la lune; enfin le calme succède à la tempête. Leurs vêtements sont mouillés, et Julietta frémit pour Paul; la jeune fille est brûlante; mon ami lui en marque son inquiétude. Oh ! oui, elle brûle; mais elle se sent bien maintenant, et un déluge de pluie ne calmerait pas les émotions de son âme agitée. Elle a éprouvé aujourd'hui trop de secousses, pour que celles de la nature puissent rien sur elle. Ils passaient devant le cimetière; la jeune Mexicaine, dont la main n'avait point quitté celle de Paul, s'agenouilla avec recueillement, en entraînant mon ami qui mit un genou en terre. A leur trouble mutuel succéda un sentiment religieux, leur prière se fit en silence; sans doute elle fut la même.

Julietta emmene Paul, et, à travers des sentiers qui lui sont familiers, ils ont bientôt atteint la route. Elle s'aperçoit alors qu'elle n'a plus son ruban, ils retournent sur leurs pas, Le lieu où elle s'est évanouie est reconnaissable par les branches noires et brisées, le ciel est serein et la lune éclaire la forêt; Julietta, l'a bientôt retrouvé et s'en saisit avec émotion. Ah ! pourront-ils jamais oublier l'orage de la forêt!... Dans un mouvement involontaire il a

saisi la main de la jeune vierge; et, la plaçant sur
son cœur, il semble lui dire que cette nuit du
tropique est à jamais gravée au fond de son
âme.

Ils arrivent au milieu de la nuit à la case ; les
parents de Julietta sont dans la plus vive inquiétude, leur absence fait naître mille conjectures. Elle raconte son aventure avec cette
volubilité qued onne la reconnaissance et peut-
être l'amour, car Paul ne peut plus s'y tromper.

Ce récit romanesque m'avait fait oublier mon
gâteau, et mon café s'était enfui. Paul était aimé
de Julietta, et il la payait de retour. J'avais
promis de me rendre le lendemain au lieu indiqué.

La matinée était belle, la chaleur tempérée
par une pluie d'orage qui avait précédé le crépuscule. Je pris mes armes et m'acheminai lentement; de tristes pensées assiégeaient mon âme :
deux compatriotes vont s'égorger; l'un d'eux
ne reviendra plus de la forêt; le sentier qui conduit au cimetière l'attend, et son sang tracera
la route. Fatal effet des passions! Paul est tout
à son amour, Charles poursuit son exécrable
dessein, le ciel prononcera entre ces deux délirants.

Mon ami m'avait devancé : ses regards se portaient sur les divers points du vallon ; il semblait

craindre l'apparition de Julietta. Nous cherchâmes en vain à arranger l'affaire; Paul laissa
le choix des armes à son adversaire qui prit
l'épée. C'était un bretteur de profession, sans
aucuns principes, affichant un dédain marqué
pour la vertu; son assurance, son rire ironique
et dédaigneux, ses formes athlétiques, tout
en lui indiquait qu'il comptait sur le triomphe. Je redoutais l'inexpérience de Paul, et sa
faible complexion augmentait mes craintes. Ce
Français prenait un plaisir indicible à raconter
ses conquêtes ; il se trouvait profondément
blessé d'avoir échoué auprès d'une jeune fille
sauvage ; il jurait de s'en venger sur son rival.
Quelques Français, venus pour coloniser, sont
disséminés sur le vaste territoire du Mexique ;
la désunion s'est mise parmi eux, et, non contents d'être décimés par la fièvre jaune, ils
s'entretuent ; au lieu d'attendre la mort, ils
la devancent : funeste effet de la civilisation !
Quand l'homme sera-t-il assez maître de ses passions pour n'écouter que la voix de la raison,
pour mépriser un préjugé sanguinaire ?

Leurs fers se croisèrent ; Paul n'était pas fort
sous les armes : après avoir ferraillé quelques
instants, son bras s'enferra et son sang coula en
abondance. La douleur le fait chanceler ; son
pied glisse, il tombe. Son adversaire s'avance

ironiquement en lui disant de crier merci, et de renoncer à la jeune Mexicaine; mais un signe négatif, l'indignation et la fierté peintes dans ses yeux, annoncent que sa position ne lui fera pas renoncer à l'honneur. Charles, furieux, s'élance sur lui, pour consommer peut-être un meurtre. Je me jete entre eux; mais, en ce moment, ce dernier pousse un cri perçant, tombe et expire. Une flèche lui a percé le cœur!

Nous retirâmes l'arme de la blessure de Paul, et, après l'avoir lavée, et mis des bandes fortement attachées avec un mouchoir, un brancard de feuilles nous servit à le transporter à son habitation. Avant de quitter ce lieu, nous cherchons à reconnaître l'endroit d'où le coup est parti : partout le silence règne; une trace seule d'herbe froissée livre notre âme à diverses conjectures.

En entrant dans la case, je vis Julietta occupée à préparer diverses herbes dont elle exprimait le jus; dès lors mes pressentiments furent justifiés, et je reconnus que cette jeune fille s'était portée à cet acte de désespoir. « Puisque vous aviez médité cette vengeance, lui dis-je, il fallait au moins la hâter; Paul ne serait pas aussi dangereusement blessé. » Julietta garda le silence: sa pâleur était extrême.

La blessure de Paul pansée, il tomba dans un

long assoupissement, précurseur de la fièvre. Julietta, assise près de lui, suivait ses mouvements, pressait sa main pour s'assurer que son pouls battait, ses larmes coulaient, et elle semblait nous dire : Ah! ne me blâmez pas si je l'aime autant; c'est pour moi qu'il a exposé ses jours. Je regagnai mon logis encore plus tristement que je ne l'avais quitté le matin.

Un jour il y avait du mieux, et le lendemain devenait plus inquiétant. Je voyais avec peine l'obstination de Paul à ne point avouer ses sentiments à Julietta; il les dissimulait souvent fort mal, et la jeune fille se livrait alors à l'espérance. Une nuit où les éléments, comme d'habitude en révolution, me tenaient éveillé, Marie vint me chercher, en me disant que Paul avait le délire, et qu'il désirait me parler. Je me levai à la hâte et la suivis.

La pluie arrosait les chemins et les plantes desséchées; le vent soufflait avec force et enlevait les toitures de palmier; la lampe oscillait; Julietta était absente; Paul souffrait; le délire avait cessé, mais il était en proie à une soif ardente. Marie courut à la cantaros; il n'y avait pas une seule goutte d'eau! Julietta apparaît, une cruche sur la tête; ses vêtements étaient traversés : elle venait de la fontaine. L'orage n'a pu l'arrêter; Paul n'a-t-il pas soif? Oh!

jeune vierge, malgré ton désordre, que tu étais belle!

Mon ami, touché de son dévouement, lui tendit la main. Elle lui présenta un coco plein d'eau et de jus de citron; il le vida à plusieurs reprises. Se sentant mieux, il se mit sur son séant, et, s'adressant à Julietta : « Qu'ai-je donc fait pour mériter tant de prévenances ? Je ne sais si le ciel me réserve encore quelques jours à vivre, mais il faut t'ouvrir ce cœur que tu accuses peut-être d'indifférence. Né sous un climat où les hommes sont esclaves des préjugés, je me laissais encore dominer par eux, je veux enfin les braver. Jeune fille, tu es belle comme la fleur suave de la forêt qui vient de s'épanouir ; réponds-moi avec la même franchise qui dicta ton refus au capitaine mexicain : ton cœur est-il libre?» Julietta, vivement émue, fit un signe négatif. Paul laissa échapper, avec tristesse, une exclamation d'étonnement.

Voyant que mon ami avait mal interprété le silence de la jeune Mexicaine, qu'il ne devait attribuer qu'à l'embarras bien naturel qu'une fille éprouve à faire la première l'aveu de ses sentiments, je cherchai à ramener l'un vers l'autre deux cœurs si bien faits pour s'entendre. Après quelques explications de ma part, cédant à la force de cet amour si longtemps comprimé,

Paul s'écria : « Sans doute la pudeur l'empêche de parler, mais son cœur m'appartient; c'est à moi de lui peindre les combats que j'ai supportés pour lutter contre tant de charmes, de soins et d'amour. Ah! dans cette nuit que nous passâmes dans la forêt, en présence dela nature en révolution, c'est à la lueur des éclairs, du bruit du tonnerre, sur la tombe de nos compatriotes, que nous jurâmes en secret, d'être l'un à l'autre. Jeune fille, dis-moi que tu reçois avec joie ma main, et peut-être connaîtrai-je, sur cette plage déserte, le bonheur que je n'ai pu rencontrer dans ma patrie. »

Le sein de Julietta se soulevait avec force, ses yeux répandaient de douces larmes; en entendant les dernières paroles de Paul, elle se laissa tomber à genoux, et, saisissant sa main : « Oh! maintenant il a parlé : tant de bonheur était-il réservé à votre fille, dit-elle en s'adressant à ses paents; vous le voyez, je suis heureuse, et, si j'étais liée à ce riche capitaine, je serais maintenant en proie à une douleur qui m'eût conduite au tombeau, car alors je l'aimais déjà. »

Voulant faire cesser une scène qui pouvait compromettre les jours de Paul, en lui faisant éprouver trop d'émotions, nous nous disposions à partir; mais il nous dit : « Demeurez, je veux vivre et mourir l'époux de Julietta. Qui sait ce qu'il peut advenir d'ici à demain? Le curé est bon, c'est un compatriote. Pourra-t-il résister à vos prières? allez, et venez bien vite, bien vite, sanctionner cette union après laquelle je soupire depuis si longtemps.

Il fallut céder. Je fus, avec Julietta, frapper à la porte du curé, qui nous suivit en fumant son cigare. La jeune fille était livrée à une vive inquiétude; chaque moment de retard différait son bonheur. La cérémonie eut lieu : Paul, malgré son abattement, ne perdit point une parole du pasteur, et Julietta, à genoux au pied de son lit, priait avec ferveur et recueillement pour son amant. Des larmes mouillaient ses paupières, mais c'étaient les larmes du bonheur. Son air de mélancolie augmentait encore le charme de sa figure. La famille donna sa bénédiction, et Paul demandait au ciel de lui accorder quelques jours de félicité avec celle qu'il aimait. Julietta le supplia de prendre quelque repos. Nous regagnâmes chacun notre couche solitaire.

La blessure de Paul s'était fermée; sa fièvre avait cessé. Il commençait à se lever, et à faire quelques promenades avec Julietta. Recouvrant peu à peu ses forces, ils allaient dans la forêt parcourir les lieux témoins de leurs premiers sentiments; ils pouvaient alors s'abandonner à toute l'impétuosité de leur passion. Il n'était

bruit dans le pueblo que de l'union du Français
avec la jeune Mexicaine; en voyant sa beauté,
on ne s'étonnait plus du mariage; chacun ambi-
tionnait le même bonheur.

Paul me communiquait souvent ses projets de
plantation; il espérait acquérir, avec le travail,
de l'aisance, et revenir un jour en France avec
Julietta. Le souvenir de ses parents lui apportait
parfois quelques pensées mélancoliques; mais
un sourire de la jeune Mexicaine dissipait le
nuage.

Souvent on les voyait monter un cheval; Julietta était assise devant et Paul l'étreignait de ses
bras. Ils allaient visiter les pueblos voisins. A
leur retour, elle avait presque toujours dans ses
cheveux quelques fleurs de la forêt, que cueil-
lait son époux. Si l'on parlait de couple heureux, aussitôt les noms de Paul et de Julietta
étaient dans toutes les bouches.

Ils venaient souvent me visiter; je les accom-
pagnais dans leurs excursions. Paul me semblait plus épris que jamais. Ah! qui ne l'eût
été? elle était si jolie! elle réunissait aux charmes de la beauté tant de qualités! Il ne lui manquait que de l'instruction : mais que retire-t-on
souvent de cette éducation qu'on nous procure à
grands frais?

Depuis l'union de Paul, j'avais cru remarquer

de l'amélioration dans sa santé; il avait cependant des couleurs un peu vives; le climat influait sur sa poitrine, et une toux sèche me donnait de l'inquiétude. Uni à une jeune fille pleine de santé, brûlante comme le pays qui l'avait vue naître, il devait peu à peu se laisser consumer par ses feux dévorants.

Julietta fut la première à s'apercevoir du changement de Paul : sa figure se fanait, ses yeux respiraient la langueur, son corps perdait de son embonpoint. Lorsqu'elle me fit part de ses inquiétudes, je lui conseillai une séparation momentanée; j'engageai Paul à aller faire un voyage dans les terres hautes, mais ils se soulevèrent à l'idée d'une séparation.

Paul, un soir, vint me voir; il paraissait oppressé. Il ne se faisait pas illusion, cette ivresse constante était au-dessus des forces humaines; une douce langueur s'emparait de ses sens, il voyait sa fin approcher. O cruelle perspective! se séparer sitôt de celle à laquelle il venait de s'unir! Il remerciait néanmoins le ciel de lui avoir accordé quelques instants de félicité; combien en est-il qui ne l'ont jamais connue? Je voulus rassurer Paul, mais il secoua la tête : « Je ne m'abuse pas, ma poitrine est faible si elle n'est déjà attaquée. Sous ce ciel, l'homme en butte à six mois d'orage et à six mois d'un soleil ardent, perd ses forces, son sang, sa vigueur, au quart de sa carrière; il est dans un état de marasme, dévoré par la fièvre; ses mains et son corps sont desséchés : il fallait se hâter de jouir, et c'est ce que j'ai fait. Dans les étreintes enivrantes de Julietta, son sang brûlant s'est mêlé au mien, et je me sens consumer par un feu interne que j'alimente chaque jour dans ses regards passionnés. Hélas! une seule pensée diminue ma résignation : que deviendra-t-elle après ma mort, cette jeune femme qui aime avec frénésie ? Souvenez-vous de la flèche de la forêt. Mon ami, vous emploierez le pouvoir de la raison et de l'amitié pour lui donner la force de me survivre. Peut-être porte-t-elle dans son sein un gage de notre amour; ô mon fils, tu ne connaîtras pas ton père, et tu naîtras au milieu de forêts sauvages! Ah! puisse au moins ta mère t'apprendre combien je l'aimais! Ce sont les devoirs sacrés qui lui restent à remplir, qu'il faut lui faire envisager; mon ami, je compte sur vous. »

Cette scène déchirante me navrait; je lui pris les mains, et, les serrant affectueusement: « Paul, de grâce, lui dis-je, ayez plus de confiance en la Providence; chassez ce sombre avenir qui peut-être ne se réalisera jamais; vivez pour Julietta, pour votre ami. — Il vaut mieux ne pas s'abuser, il y a plus de courage à prévoir le coup terrible qui la menace. Je le sens aux palpitations de mon cœur, à l'oppression de ma poitrine, dans peu il faudra dire adieu à tout ce que j'aime. » Et il s'éloigna en essayant de cacher son trouble.

Paul semblait pressentir sa fin ; il quittait peu Julietta. Sans cesse il errait dans la forêt, appuyé sur son bras, et cependant il bâtissait des châteaux en Espagne ; il cherchait à lire dans l'avenir, il concevait mille projets pour revivifier une existence sur laquelle l'homme ne devrait jamais compter. Une fois, après une promenade assez longue, il perdit connaissance. Prévoyant le malheur qui la menaçait, sa femme ne le quittait pas ; attentive au moindre de ses désirs, elle cherchait à les deviner dans ses yeux, et l'âme navrée, car elle se faisait peu d'illusion, elle s'efforçait de lui sourire, alors que ses larmes étaient prêtes à couler.

Une nuit, la chaleur était étouffante, la pluie avait peine à tomber ; j'étais enseveli dans mon moustiquaire, réfléchissant à la distance qui me séparait de ma patrie, au peu de chance qui s'offrait pour moi d'y retourner, dénué de toute ressource, j'enviais presque le sort de mon ami ; une nuit, dis-je, Marie vint m'avertir que Paul se mourait. Je poussai un cri, et, sans dire un mot, je fus à son habitation. Elle présentait l'aspect de la douleur : la lampe jetait une lueur sépulcrale ; chacun était morne autour du lit du malade ; Julietta fondait en larmes, en implorant le ciel.

La figure de Paul était animée, mais je savais que ces signes de santé se remarquent chez les poitrinaires, même à leurs derniers moments. Le curé donnait au mourant les consolations de la religion. Mon ami fit un effort sur lui, et, prenant la main de Julietta, qui était à genoux, il dit : « Toi qui m'as fait goûter les seuls instants heureux que j'aie connus dans ce monde de souffrance et de déception, promets-moi d'exécuter mes dernières volontés. » Julietta ne pouvait proférer une parole et se livrait au plus violent désespoir. Lequel des deux était le plus à plaindre ?

« Je vais te quitter, continua Paul : oh! que cette idée est affreuse! mais regarde cette voûte majestueuse, entends ce tonnerre, ils t'annoncent qu'il est un être là haut qui commande à tout ; un jour il nous réunira, et alors nous serons heureux à jamais. Oh! que cette pensée est consolante! Je n'ai pu savourer tant de délices sans succomber : mon corps est desséché, ma poitrine brûlante ; mais, jusqu'à mon dernier soupir, mes yeux t'exprimeront combien tu m'es chère. Ne te livre point ainsi au désespoir, en te voyant plus résignée, je mourrai moins malheureux ; songe qu'il n'est point dans la destinée de l'homme de jouir d'une félicité constante, ce sont des éclairs qui jaillissent de temps à autre de la nuit sombre d'où nous sommes sortis, mais dont la durée est courte ; le bonheur passe presque inaperçu. Peut-être auras-tu des devoirs sacrés à remplir, ceux de mère. Hélas ! il ne m'était pas réservé de serrer mon enfant sur mon cœur !

« Une pensée douloureuse s'empare de mon âme, je ne reverrai plus mes parents ; chaque jour ils attendent leur fils, et ils vont recevoir son extrait mortuaire. Oh ! cruelle déception, et que les coups du destin sont parfois terribles. J'aurais été si jaloux de te présenter à eux ! »

La voix de Paul s'affaiblissait ; il avait fait un effort pour nous faire connaître ses dernières intentions. « Mon ami, me dit-il, je vais à mon tour payer un tribut au chemin que tant de fois je parcourus avec le bras de ma bien-aimée ; ah ! cette fois ce sera dans les bras de la mort. Une modeste croix de bambou et une inscription dictée par l'amitié.... »

En prononçant ces mots, il retomba sur sa natte, les yeux fixés sur Julietta. Le curé s'approcha davantage sur un signe qu'il lui fit. La famille était blottie dans un coin ; chacun se désespérait à l'aspect de ce couple aussi cruellement séparé.

L'orage avait cessé, le silence de la nuit n'était interrompu que par les sanglots des assistants et les paroles du pasteur. J'étais anéanti ; Marie cachait son visage dans ses mains. Julietta était presque sans vie au pied du lit de son époux ; ses cheveux tombaient à terre, ses vêtements étaient en désordre : elle n'avait plus besoin de plaire. Ses parents répétaient la prière des agonisants ; elle eût voulu suivre Paul dans la tombe. Le curé me regardait avec anxiété, et semblait me prédire la fin prochaine du patient. La lampe, que cette scène de douleur n'avait pas permis d'alimenter, s'éteignit, l'obscurité régna, un profond soupir se fit entendre, le râle de la mort retentit jusqu'au fond de nos âmes ; la vie de Paul s'était éteinte, la mort saisissait sa proie, il n'était plus !...

Peu de temps avant mon départ pour la France, je suivis de nouveau le sentier de la forêt qui conduisait au cimetière, voulant dire un dernier adieu aux Français qui avaient été victimes du climat. Il fallait me familiariser avec la mort. Savais-je ce qui m'était réservé ? et lorsqu'il y a entre le sol de la patrie et la terre que l'on foule, des milliers de lieues à parcourir sur un abîme, sait-on si l'on arrivera?

Parvenu près du cimetière, j'aperçus une Mexicaine dont la main laissait tomber quelques fleurs autour d'une croix de bois; je reconnus la compagne de mon ami! Son regard était sombre, ses larmes avaient peine à couler, des soupirs oppressaient sa poitrine, son sein se soulevait fréquemment. Immobile sur la tombe de Paul, elle semblait demander au ciel de l'entr'ouvrir pour se réunir à lui. Quelle séparation déchirante! Naguère il était là, il la pressait sur son cœur, et plus rien.... Le silence des tombeaux, une séparation indéfinie....

Je m'étais appuyé sur un tronc d'arbre, et à la vue de cette infortunée je m'écriai : « Ah! mieux vaut ne pas aimer, que de payer si cher quelques instants de félicité! L'amour vivifiait naguère cette âme de feu, maintenant la douleur la mine. » Julietta m'avait aperçu; elle se signa, et vint en pleurant me tendre la main. « Vous l'aimiez aussi, me dit-elle, vous partagez ma douleur. Ah! il y a longtemps que j'aurais succombé, mais bientôt je serai mère. Oh! mon Dieu! donnez-moi la force de vivre et de veiller sur mon enfant, Paul l'a ordonné. »

J'allais m'éloigner de ces lieux où j'avais conçu de si belles espérances; je partais, emportant le

souvenir de nos malheurs et le tableau des beautés du Nouveau Monde. L'image surtout de cette
jeune femme qui méritait un tout autre avenir,
était gravé au fond de mon âme.

Je pris congé des habitants de la case; Julietta
assise devant sa porte, dans sa boutacle, avait
le teint livide, les joues caves, et le corps desséché : à peine pouvais-je la reconnaître. Mais
combien elle me paraissait encore plus intéressante! sa beauté avait disparu avec celui qui
n'était plus, et son âme se nourrissait de son
souvenir comme d'un poison lent qui dévorait
sa frêle existence. Je lui serrai la main avec une
impression pénible; elle se leva avec peine,
m'embrassa, et je sentis alors une de ses larmes
mouiller mes lèvres. Je m'éloignai le cœur gon-
flé et les yeux humides. Pauvre fille! elle avait
passé comme la fleur éclatante de la forêt, qui
brille un jour et se fane après : Julietta, à dix-
huit ans, n'entrevoyait plus que la tombe de
Paul, c'était là tout l'avenir de la jeune Mexicaine.

CHAPITRE X.

Adieux à mon sabre et au Guazacoalcos.

Le patron nous avait promis de partir sous quinze jours; mais les fils de l'armateur étaient malades; le capitaine, homme de plaisir et joueur, n'eut pas de cesse qu'il n'eût perdu ses onces et vidé les bouteilles de liqueur dans les tiendas [1] du pueblo. Chaque jour c'étaient de nouvelles promesses sans résultat. Je l'avais chargé de

1. Nom des cases où l'on vend des liqueurs.

m'acheter à Acayucan quelques peaux de tigres;
il oublia ma commission [1].

Nous avions demandé nos passe-ports au gouvernement de la Vera-Cruz; six semaines s'écoulèrent et rien n'arriva. Le commissaire de la
colonie prétendait n'avoir point le droit d'en dé-
livrer pour un autre état, et je vis l'instant où
nous ne pourrions partir. Ce commissaire était
pauvre, fier et irritable; il y avait du sang espagnol dans les veines; quelques pièces d'or levè-
rent toutes les difficultés.

Nous mîmes enfin à la voile. Nos adieux aux
colons qui garnissaient le rivage furent tristes;
il n'y en avait peut-être pas un qui, intérieure-
ment, n'eût désiré faire partie du voyage. Nous
fîmes quatre lieues dans notre journée. Nous
quittions ce pays avec joie. Six mois avant, ces
parages nous offraient la fortune, le bonheur;
maintenant nous ne pouvions nous en éloigner
assez vite. L'homme vit d'illusions; mais, une
fois détruites, la réalité lui inspire de l'horreur
pour une entreprise à laquelle naguère il eût
tout sacrifié.

On resta deux jours à Baratitlan à charger

---

1. Cet oubli me contraria, car je voulais en offrir à plusieurs personnes, et j'en avais promis une à mon ami, M. de Montrol, auteur des
notes qui ont été insérées dans les mémoires de mon père, lors de leur
publication.

du lin. Nous espérions faire un bon souper chez notre Anglais, mais on jeta l'ancre à quelque distance, et notre principale occupation fut de chasser les moustiques. Le capitaine comptait huit jours de route jusqu'à Campêche. Nous n'avions pas voulu lui donner quatre piastres pour notre nourriture, pensant économiser en achetant nous-mêmes nos vivres.

De tristes souvenirs nous assiégèrent à la barre du Guazacoalcos : plusieurs de nos camarades reposaient en paix sur cette plage où nous avions tant souffert. Les orages, les pluies, avaient cessé, mais les moustiques et les rodadors, qu'on nous annonçait devoir partir à l'arrivée des vents du nord, demeuraient fidèles habitants de ces parages.

Grâce à l'amour du jeu du capitaine et à son antagoniste, officier des douanes, qui l'étrilla à Minatitlan et qu'il retrouva à la barre, nous y restâmes huit jours. Les piqûres des insectes nous donnaient de nouveaux maux de jambes : le vent, suivant lui, n'était jamais bon. Il y avait cependant quelque chose de vrai dans la science du capitaine à prédire les coups de vent du nord ; car, pendant notre séjour, il y eut une tempête : la mer mugissante présentait le tableau d'une plaine d'eau blanchâtre.

J'ai remarqué que les Mexicains paient très-cher des marchandises d'une médiocre valeur, et vous offrent d'objets précieux le quart de ce qu'ils ont coûté. Ils sont peu justes appréciateurs des choses. Celui qui se propose de voyager dans ces contrées, avec peu, obtiendra un joli bénéfice; tandis que souvent il aura de la peine à se défaire d'une pacotille au taux de son acquisition. Il faut connaître les besoins des pays, leurs goûts, et agir d'après les données de ceux qui les ont parcourus.

Nous mangions à terre pour économiser nos vivres, et, avec de l'argent, nous ne pouvions souvent nous procurer à dîner. Les cases de la barre sont pauvres. Au Mexique on a l'habitude de servir de très-petites portions : pour quatre on nous donnait ce qui aurait à peine suffi à deux. Le paiement n'était point en rapport avec cette parcimonie : peu et très-cher.

A notre arrivée, j'avais vendu du vin à un ancien corsaire mexicain, nommé Salomon, qui était privé d'un bras et retraité à la barre. Il me qualifiait sans cesse du titre *d'amigo*. J'avais mis quelques barils de biscuit à l'abri sous l'une de ses cases, sans que cela le gênât en rien. Lorsque je lui demandai le prix de mon vin, il m'établit un compte de magasinage qui balançait mon mémoire. Ce trait était digne d'un corsaire. Le commandant Garciarenas m'eût fait payer; mais, ce jour-là, le señor Salomon était parti à la pêche, et moi-même je remontai, dans mon canot, à Minatitlan. Lorsque je revis cet homme, il semblait m'éviter; ses femmes me dirent qu'elles n'avaient rien à manger. Ma présence ne devait pas leur être agréable, elle rappelait le peu de bonne foi du patron.

Les Mexicains de la basse classe aiment peu les Français; si vous leur demandez quelque chose, ils vous répondent, souvent avant de vous avoir entendu : *Non aï*. Le point important, qui vaut la meilleure élocution espagnole, c'est d'avoir l'argent à la main : ils vous comprennent aussitôt. Les Français qui parlaient espagnol étaient mieux reçus; mais, en général, il faut user de beaucoup de circonspection.

Le nouveau commandant de la barre était un homme vif et emporté. J'ignorais être en contravention, en sortant des armes du pays; il était en droit de me les confisquer. Il me fit venir. Cet homme sec, au moral et au physique, se balançait nonchalamment dans son hamac. La jolie servante du pilote devenue sa femme ou sa maîtresse, et qui si souvent lavait et se baignait près de ma case, traversait fréquemment l'espèce d'appentis de bambous en plein air. Sans doute elle me remettait, car ses yeux rencontrèrent plusieurs fois furtivement les miens.

J'exposai avec franchise ma position au commandant, et mon ignorance à l'égard du délit. Je lui présentai alors mes pistolets et mon sabre. Son œil se radoucit ; il considéra ces armes avec un air de satisfaction ; puis, les suspendant à un bambou, il me glissa une once dans la main, en me souhaitant un bon voyage. Le commandant Garciarenas n'eût point agi ainsi envers celui qu'il voulait nommer capitaine. Je parus satisfait : des observations auraient pu me valoir une confiscation pure et simple, et, par-dessus le marché, quelques jours à la citadelle. Je regardai en soupirant, et pour la dernière fois, ce fidèle serviteur de Napoléon ; je ne me doutais pas, sur les rives de la Loire, devoir le laisser, un jour, sur celles du Guazacoalcos.

CHAPITRE XI.

Nous quittons enfin la barre du Guazacoalcos, que l'on doit considérer comme l'une des meilleures du golfe du Mexique, malgré les sinistres de nos deux premières expéditions. Assis à l'arrière sur de faibles bortingles, je ne puis rendre les impressions auxquelles mon âme est livrée : je m'éloigne d'un pays riche en souvenirs pour moi ; mais l'espérance ne m'accompagne plus comme à ma première traversée. Que dis-je ? cette fidèle compagne de l'homme le quitte-t-elle jamais ? sans elle, à peine dans l'adolescence, il descendrait dans la tombe, elle est son unique soutien. J'entrevoyais encore un brillant avenir à mon arrivée en France; espérance et déception, c'est l'histoire des mortels.

Après quatre jours de navigation en mer et le seizième de notre départ de Minatitlan, les vivres viennent à manquer. Le capitaine nous demande si nous voulons payer dix gourdes au pilote de la barre de Tabasco pour y rafraîchir. Nous ne sommes point dupes de sa proposition insidieuse; il se décide alors à y entrer à ses frais.

Nous commencions à éprouver les horreurs de la faim, que les patrons refusaient d'apaiser, malgré nos offres d'argent. Menacés, ce soir-là, d'un coup de vent du nord, c'était l'idée fixe du capitaine, il nous annonce qu'il va se diriger sur la barre. Nous étions peu rassurés, ses connaissances maritimes étaient plus qu'équivoques, car, la nuit précédente, il avait pensé se rendre sur des brisants; après plusieurs manœuvres, après nous avoir mis à fond de cale, en fermant les écoutilles, nous attendions avec impatience le cri de : *Tabasco!* aspirant à sortir de ce lieu obscur et infect. Quelques barils d'eau et un sable bleu du Guazacoalcos, servaient de lest à la goëlette. Le capitaine, après maintes

tergiversations, fait jeter l'ancre ; notre pusilla-
nime patron ne juge point convenable, à l'approche de la nuit, de hasarder le passage de la
barre sans pilote : l'aspect de plusieurs bâtiments échoués, non loin du rivage, a porté sans
doute la terreur dans son âme. Je lui donnai, à
cette occasion, le sobriquet du *capitaine l'Ancre*, et je ne le voyais jamais, sans terreur, approcher de son câble, en pensant qu'il allait
peut-être le laisser filer.

Sa prédiction du coup de vent du nord se
réalisa. Nous passons une nuit affreuse, portés
alternativement au ciel par les vagues, et replon-
gés aussitôt dans un abîme. Les lames couvrent
le bord du navire qui est fort bas, et le pont
d'un côté baigne dans la mer. L'équipage repose malgré cette tempête; les poltrons n'aiment point à envisager le danger, ils cherchent
à y échapper en se livrant au sommeil. Le capitaine regrette de n'être point entré, mais il n'est
plus temps; son irrésolution nous expose à un
péril imminent. Les matelots sont lents, peu
aguerris, et nous appréhendons à chaque minute de voir s'entr'ouvrir ce faible bâtiment sur
lest qui est très-mauvais. Je ne sais comment il
a pu résister à cette tempête; si les ancres eussent chassé, c'en était fait de nous.

Éprouvant les angoisses de la faim, je profitai

de l'obscurité de la nuit et du mauvais temps, pour me permettre un larcin : j'approchai de la cuisine, et je plongeai, à plusieurs reprises, ma cuillère dans une marmite des armateurs, qui contenait des haricots noirs et durs; ils me parurent délicieux, tant je souffrais. Je portais à la dérobée à ma bouche cette cuillère remplie de frijoles, car j'avais à redouter les patrons mexicains, deux êtres malingres et irascibles, ayant, au moindre motif, toujours le poignard levé.

J'aurais consommé la ration entière de l'équipage, tant mon estomac était creux, si une effroyable lame d'eau ne fût venue couvrir le bâtiment : elle balaya tout le pont; je me jetai à plat-ventre en me cramponnant à la cuisine. A fond de cale, une barrique passa sur la poitrine de l'un des colons; un autre tomba à la mer, et sans la présence d'esprit avec laquelle il se raccrocha au bord, il eût été noyé; on lui jeta une amarre. Les matelots, à genoux et terrifiés, s'écriaient à chaque lame : *Maria santissima!* Notre heure dernière était-elle arrivée ?

Nous nous regardions en silence, nous attendant à être enlevés, à tout moment, par les vagues mugissantes. Pendant cette nuit horrible, plus d'une fois je soupirai en songeant qu'il fallait dire un éternel adieu à la France. Sur terre, l'image de la mort est moins affreuse; on peut se frayer un chemin pour l'éviter, on peut lui échapper : en mer, le navire entr'ouvert par des récifs, chaviré par une bourrasque ou englouti par une trombe, présente une scène déchirante : une plaine d'eau, l'horizon, et point de port de salut.

Le chant monotone des matelots en manœuvrant, imprime à l'âme de la tristesse. Serait-ce que dans les gros temps les manœuvres sont multipliées et qu'on y fait plus d'attention ? Il est certain que, dans les moments d'un danger imminent, ces cris rauques et cadencés qui se succèdent rapidement, portent souvent l'effroi dans l'espritdes passagers.

Le jour parut à notre grande satisfaction : une tempête est une fois plus effrayante pendant la nuit. Nous pûmes alors distinguer la fureur des flots; des montagnes d'eau paraissaient, à toute minute, vouloir nous engloutir. C'est une chose à voir, comme belle horreur, lorsqu'on est au milieu de l'Océan et que le bâtiment est solide; mais nous n'étions pas dans ce cas.

Sur le soir la mer se calma un peu, et le lendemain le pilote de la barre de Tabasco vint à bord avec un officier. Le capitaine se décida alors à entrer. L'officier nous donna quelques cigares que nous fumâmes avec un certain plaisir; nous attendions cependant, avec impatience, quelque chose de plus substantiel.

La rivière est plus large que celle du Guazacoalcos; la verdure des arbres semble être plus pâle, les bois d'une moins belle venue. Le commandant habitait une espèce de redoute flanquée de deux mauvais canons. L'aspect en était pittoresque, et je regrettai fort de ne pouvoir en emporter une vue. Les cases sont construites en roseaux et couvertes de feuilles de palmier.

Nous ne devions séjourner là que trois jours. Pressés par la faim, nous payâmes tout au poids de l'or. Nous fûmes, en remontant la rivière, à un pueblo voisin, qui offrait la plus riante perspective, des rues alignées et des maisons blanchies avec la chaux; de superbes palmiers et des milliers d'orangers entouraient ces habitations.

Nous arrivâmes au coucher du soleil; on célébrait la fête de la Liberté : les Mexicains suivaient la statue de la Vierge; un prêtre marchait à leur tête; une multitude de femmes et de jeunes filles vêtues de blanc fermaient la marche. La procession se rendit à l'église qu'environnait une pelouse d'une verdure charmante. Ces Mexicains me parurent très-dévots; je les vis baiser, en se prosternant, la robe de leur pasteur. Cette servilité envers le clergé me fit naître bien des réflexions.

Il n'y avait pas d'hôtellerie, et, sans l'appui d'un Français, nous eussions couché à la belle étoile. Nous fûmes logés chez un épicier-distillateur qui nous servit une copieuse omelette, et d'excellent vin de Frontignan, appelé Moscatel; un vaste moustiquaire contribua à nous faire passer une bonne nuit.

Le capitaine acheta seize mille oranges [1] et se chargea, en outre, de cannes à sucre, ce qui nécessita, à notre grand déplaisir, un séjour plus long. Je fis emplette d'un beau perroquet amazone; j'aimais autant un semblable compagnon de voyage que beaucoup d'autres.

Le pays est fertile en vanille; il fournit le bois de campêche; on le transporte dans la ville de ce nom, qui lui sert d'entrepôt, où l'on vient en effectuer le chargement pour l'Amérique et l'Europe.

La rivière est constamment fréquentée par des navires qui la remontent ou la descendent. Tabasco est à vingt-quatre lieues de la barre. On pourrait y gagner beaucoup d'argent, malheureusement le pays est malsain et presque toujours dans l'eau. Il y a peu de cultivateurs; on nous proposa des terres à notre choix. Que n'étions-nous descendus dans cet endroit! il était

---

1. Pour une piastre on a cinq cents oranges.

habité, la rivière navigable et commerçante ; mais, affaiblis par la maladie et sans matériel, nous ne pouvions plus prospérer. On aurait pu se livrer au commerce de la canne à sucre, des oranges, de la vanille et du bois de campêche ; les moustiques infectaient encore cette plage, et le plus beau pays, avec eux, ne peut offrir de repos.

L'altercation survenue entre la señora notre hôtesse et l'un de nos camarades[1], lui inspira un acte de vengeance, et le soir, quand nous fûmes pour nous coucher, elle avait ôté les rideaux de gaze des lits. Qu'allions-nous devenir sur cette côte où les habitants s'environnaient de feux et de fumée pour éviter les piqûres ? Nous passâmes une nuit affreuse le long du rivage, en agitant continuellement nos mouchoirs. Il serait difficile de dire quelle fut notre détresse pendant douze heures, lorsque, tombant de lassitude, nous nous enveloppions, sur le sable, d'une couverture de coton. Les mous-

---

1. Les bijoux faux ou véritables se vendaient bien. Notre colon gagna, avec une semblable pacotille, beaucoup d'argent ; mais il faut apporter de la défiance vis-à-vis des acheteurs : il éprouva plusieurs désagréments. Le commandant avait choisi divers articles ; il ne se trouvait pas en fonds pour payer. Il était politique cependant de se mettre bien avec lui, car c'était l'autorité du lieu. La Mexicaine où nous mangions fit choix de bagues : le paiement devint matière à discussion, ayant mis de côté trois paires de boutons de chemise avec beaucoup de dextérité.

tiques trouvaient toujours moyen d'arriver jusqu'à la chair, et leur bourdonnement effrayant exigeait une marche continue. Le long du rivage et dans la forêt, des vers luisants et une multitude de feux follets illuminaient cet endroit solitaire. Durant cette nuit étouffante, notre imagination, fatiguée nous laissa croire pendant quelques instants, ce lieu enchanté. En attendant le jour, nos entretiens roulaient sur la patrie.

Nos maux de jambe revinrent avec force; on ne résistait point à la démangaison, et des plaies graves s'ensuivaient. Le meilleur remède employé par les Indiens, c'est de passer légèrement de la salive sur la peau.

Le penchant des Mexicains au larcin leur fit dérober mon perroquet, qu'après bien des recherches je trouvai dans une case inhabitée, attaché à une branche de bananier. Je découvris qu'il y avait été porté par une vieille sorcière de négresse à figure d'orang - outang. Je le rapportai avec joie, maudissant le peu de bonne foi des habitants; je l'enchaînai, ne prévoyant plus aucun rapt. Nouvelle catastrophe, le perroquet disparaît encore; on avait eu le soin d'élargir le nœud de la corde pour me faire croire qu'il s'était détaché lui-même.

Je fus trouver le commandant, qui se mit à rire en me disant que rien ne se perdait dans le pueblo. Mes soupçons planèrent, derechef, sur ma vieille négresse ; mais elle avait trop de malice pour l'avoir mis chez elle. Deux jours s'écoulèrent, je commençai à croire que tout se faisait par ordre supérieur, et que cet oiseau faisait envie au commandant.

Un Mexicain me dit qu'il savait où était mon lorito. J'avais promis une piastre de récompense, il essaya d'en avoir davantage ; mais l'ayant menacé, il me conduisit au fond de sa case, et je retrouvai l'oiseau tant désiré. Je donnai une gourde à cet homme qui méritait plutôt la prison que ce salaire. Je fis coucher mon perroquet à bord, il tomba à la mer, et sans de prompts secours il était noyé. Une autre fois l'armateur menaça de le tuer, parce qu'il avait fait quelques ordures sur sa chemise. Mais en voilà trop sur mon perroquet que je ne quittai plus. Que de peines on se crée volontairement!

Le jour de la fête de la Liberté, les Mexicains établirent une élégante chapelle dans une de leurs habitations ; ils l'entourèrent de fleurs et de draperies, et passèrent la nuit à faire de la musique avec divers instruments du pays. Cette cérémonie patriotique et religieuse n'empêchait point de fumer le cigare, de prendre le verre d'agua gardiente, la tasse de chocolat ou de café. En regardant ces jeunes Mexicaines parmi lesquelles il y en avait de fort jolies, je me rappelai que c'était dans ces lieux que Fernand Cortez avait captivé cette Marina, que l'amour attacha à la destinée du conquérant.

Nous passions la plus grande partie de notre temps, pendant notre séjour à la barre de Tabasco, à ouvrir nos malles et à faire sécher nos effets que la tempête avait avariés, car la goëlette faisait eau de tous côtés.

Les armateurs nous refusaient de coucher à bord, et l'un des passagers, pour avoir insisté, se vit mettre le poignard sur la gorge. La goëlette radoubée et chargée d'oranges et de cannes à sucre, nos vivres achetés, nous mîmes à la voile, grâce à un autre navire qui se rendait aussi à Campêche. Nous étions les premiers, le prudent *capitaine l'Ancre* le laissa passer devant. Le tangage et la force des brisants nous firent toucher plusieurs fois à la barre. Le capitaine et l'armateur, huchés sur la vergue, faisaient force signes au pilote, afin qu'il quittât l'autre goëlette et vînt nous diriger.

Cette barre est très-dangereuse : un brick américain, chargé de bois de campêche, s'était perdu, peu de jours avant, en voulant sortir. La côte est garnie de navires échoués ; on nous en montra un, dont on apercevait les mâts, à la surface de l'eau; il était, dit-on, chargé d'or et d'argent.

Après trois jours d'une assez belle traversée, nous pensions approcher de Campêche, le capitaine nous ayant annoncé que nous y serions au bout de quatre. Les vivres diminuaient; il était temps d'arriver. Un incident vint porter le trouble parmi nous. L'armateur fait faire tout à coup la visite des malles, et fouiller chaque passager; neuf onces lui ont été volées; on les retrouve sur un Français à qui on avait accordé la moitié du passage : il eût mérité qu'on le jetât à la mer.

Le temps changea ; un fort vent s'éleva et nous poussa en pleine mer. Le capitaine avait beau regarder sa boussole, il eût été bien en peine de dire où il était : un jour il nous restait dix lieues à faire, le lendemain trente-cinq. La mer était constamment furieuse; le navire étant mal calfaté, nos effets se perdaient; la pompe avait beau marcher, on entendait l'eau ballotter à fond de cale. Le grand mât vint à se rompre au pied, on le maintint à force de coins de bois. Nous passions des nuits affreuses; le capitaine semblait inquiet; les matelots dormaient, ainsi que l'armateur.

La sixième nuit fut des plus effrayantes : le vent n'avait point cessé, nous filions avec une rapidité étonnante; nous devions avoir fait beau-

coup de chemin, et cependant nous n'arrivions
pas. Les vivres manquaient, et chacun jeûnait,
grâce à l'humanité du patron. La goëlette penchait à bâbord, et se relevait à peine; les lames
d'eau remplissaient le bâtiment : je craignais
qu'il ne pût résister davantage à un aussi gros
temps. Je montai par l'écoutille sur le minuit :
un matelot, à moitié endormi, était au gouvernail; le reste de l'équipage, avec le capitaine qui
avait la fièvre, reposait à fond de cale. Pas de
lumière, pas de boussole; nous marchions au
hasard, et les montagnes d'eau, quelquefois mal
coupées, nous faisaient éprouver des secousses
terribles. La goëlette filait, sans exagération,
bâbord sous la mer. Le danger était pressant;
je m'irritai de la négligence du capitaine, je fis
beaucoup de bruit, je donnai ordre de le réveil-
ler, menaçant d'amener moi-même la voile qui
était de trop. Le capitaine arrive tremblant la
fièvre, quoique enveloppé d'une couverture, et
se met à courir en voyant le danger. La voile est
supprimée, le navire se relève un peu. Nous pouvons remercier la Providence de nous avoir conduit au port : il y avait cent contre un à parier
que nous devions périr. Sans cette manœuvre,
le bâtiment était coulé.

Le lendemain on nous annonça Campêche.
Nous étions réduits à manger quelques cuillerées

de haricots qu'on nous donnait par pitié, et des grains de maïs rôtis. Malgré la prédiction du capitaine, nous n'aperçûmes le port que le huitième jour. Trente-cinq jours pour faire cent vingt lieues! Pouvait-on s'attendre à tant d'ignorance de la part d'un caboteur[1]?

1. J'ai appris, depuis, que le capitaine était mort à Minatitlan, et que la goëlette était venue s'échouer devant Vera-Cruz. La fatalité avait marqué de son cachet le bâtiment et le capitaine.

CHAPITRE XII.

La citadelle et le commandant. — Le procès. — L'Italien napoléoniste et l'Anglais. — Le Français à la Nouvelle-Orléans et l'arrivant. — La négresse empoisonnée. — Les serpents. — Les fourmis. — Les Campéchiennes. — Les moines à Mexico. — La fête des taureaux. — Mérida. — L'animal au diamant.

La vue de la citadelle et de la ville présente un aspect agréable et pittoresque. Un grand nombre de navires marchands et de barques sont à l'ancre; les maisons, peintes en noir, en jaune et en blanc, offrent un coup d'œil varié; elles n'ont, presque toutes, qu'un rez-de-chaussée sur lequel est une terrasse. Les églises sont gothiques et assez belles; leurs dômes élevés planent sur la ville. La mer a si peu de profondeur aux abords du rivage, qu'on est obligé de jeter l'ancre à une assez grande distance.

Nous fûmes chez le commandant de place lui exhiber nos passe-ports. Il y avait de l'infanterie à sa porte ; dans chaque pays un chef a sa garde. Il nous reçut avec politesse ; sa jeune femme, au teint basané, à la physionomie pâle, mais assez agréable, causait nonchalamment avec un Mexicain, jetant de temps à autre quelques regards sur notre mise qui n'était pas des plus brillantes. Si les habitants n'avaient pas connu nos fatales expéditions, ils auraient pu concevoir une triste opinion de notre nation. Nos vêtements et notre linge étaient horriblement sales, et nous pouvions à peine nous traîner, à cause de nos maux de jambes et de nos douleurs. Pour surcroît de malheur, nous arrivâmes le jour férié de Noël.

Je portais un panier mexicain sur lequel était perché mon perroquet. L'un des colons, jeune homme d'un très-bon cœur, mais enclin à un peu d'ostentation, agitait son cachet et la chaîne de sa montre, en disant à tout venant que ses effets étaient à bord. Malheureusement la plupart des Mexicains ne comprennent pas le français. Nous avions des barbes dignes de Robinson Crusoé, et, pour les faire disparaître, il en coûta un réal à chacun : c'est un bon état que celui de perruquier.

Le colonel plaignit notre sort, et nous engagea à nous fixer dans sa résidence. J'aurais pu encore rester comme capitaine dans cette ville; mais je brûlais de revoir la France, ma famille, et notre vieux drapeau de la Loire.

Les appartements des riches Campêchiens sont assez beaux; mais, malgré l'or que coûte leur ameublement, les salons présentent un aspect de nudité assez générale. Ils ont une infinité de chaises et de fauteuils qui sont payés très-chers[1].

Les tableaux sont fort rares : les habitants ont des gravures enluminées et d'une petite dimension. Je n'en ai point vu à l'huile[2].

Les Campêchiens vénèrent le nom de Napoléon : son portrait, ceux de ses généraux, et les tableaux de nos grandes batailles ornent leurs

1. Trente-six francs et deux onces, ce qui est exorbitant. Un tourneur ferait bien ici; il y a beaucoup de menuisiers, mais en général ils manquent d'un grand nombre d'outils. Ce qu'ils gagnent, ils le dépensent à boire et avec les femmes.

Les bijoutiers font peu, n'inspirent point de confiance; si on leur donne une quantité d'or et d'argent, ils y mettent moitié alliage. D'ailleurs ils ne travaillent point avec goût, ni dans le genre moderne. A Mérida il y en a de très-bons.

2. Un choix de gravures et de tableaux encadrés richement se vendraient bien. Un bon peintre dans ce pays gagnerait beaucoup d'argent. Quelques mauvais barbouilleurs ou badigeonneurs peignent mesquinement leurs immenses murailles. Potier, dans un rôle de peintre d'enseigne, eût vendu, dans cette cité, son bras d'or pour du Rubens ou du Poussin. Leurs glaces sont petites : ce serait encore un objet de défaite.

Les livres espagnols sont fort chers à Campêche : un dictionnaire

appartements ; mais ce sont de mauvaises gravures qui se vendent dans les rues de Paris. Les
murs du salon du principal hôtel en étaient
garnis. Le maître, exalté bonapartiste et Italien
de naissance, avait fait les campagnes d'Égypte,
et baisait avec un enthousiasme respectueux
l'effigie de Napoléon. Il me paya un petit bronze
du grand capitaine six gourdes. Notre hôte, entendant un jour un Anglais, logé chez lui, parler
mal de l'ex-empereur, lui jeta une carafe à la tête,
et l'obligea de quitter sur-le-champ son hôtel,
quoiqu'il fût une heure indue.

La longue traversée du capitaine et la dureté
des armateurs nous engagèrent à porter plainte
et à demander une indemnité. Nous nous adres-
sâmes au général ; il accueillit avec bienveillance les pauvres Français, et leur offrit le
cigare de l'amitié : c'est l'habitude au Mexique.
Son interprète était un très-joli garçon, rempli

valait quatorze piastres. On y vendait aussi des livres français. Une librai-
rie espagnole, anglaise et française pourrait faire quelque chose.

La monnaie est fort rare; on ne voit que de l'or, qu'on a peine à
changer : l'exportation de l'or paie de droit 2 p. o/o ; l'argent 3 1/2 p. o/o.

Il se débite à Campêche beaucoup de liqueurs, mais généralement
mauvaises. L'eau-de-vie est une espèce de tafia ; le vin sec ou de Ténérif
est très-bon ; il se vend trois réaux. Le vin de Moscatel ou de Frontignan est assez agréable ; il coûte six réaux. Le vino-tinto, ou vin du midi,
est épais et détestable. Le vin de Bordeaux coûte six réaux la bouteille.
Les bons distillateurs manquent ; un Français perfectionné dans cet art
ferait tomber tous les autres.

d'aménité. Il fit mander le commandant de marine, et lui remit notre affaire. Le lendemain elle
fut jugée, et ce dernier conclut à la restitution
du prix du passage; mais son secrétaire au visage livide et à la chevelure bouclée, s'éleva
contre cette sentence, prétendant que l'affaire
devait être portée en conciliation devant l'alcade. Nos adversaires avaient acheté sa voix; quelques pièces d'or nous le rendirent défavorable.
En songeant au commissaire de Minatitlan, nous
vîmes que ce métal faisait toujours pencher la
balance en faveur de celui qui s'en dessaisissait.
Dans tous les pays, il en est qui ne rougissent
pas de se vendre.

L'alcade était un officier de distinction, parlant le français; il avait une fille de huit ans qui
touchait agréablement du piano. On nomma
deux arbitres : les armateurs furent condamnés
à moitié du passage. Faute d'un procès-verbal
pendant le voyage, les délinquants en furent
quittes à bon marché. Le capitaine nous avait
promis de déposer contre l'armateur, mais il se
laissa influencer. Autant ce dernier était inso-
lent et dur à bord, autant il paraissait embarrassé et plat à terre. Nous fûmes heureux de gagner cette affaire, car nous les perdîmes toutes
à Minatitlan [1].

[1]. Il n'y a, proprement dit, qu'un café où il existe deux billards. On

La ville renferme une grande quantité de magasins tenus par des Français ou des Mexicains. Les étoffes anglaises y sont en vogue; il y en a souvent d'avariées qui proviennent de navires perdus.

Les Mexicains ont des cabriolets d'une structure italienne : le cheval n'est attaché que par deux traits; des crochets arrêtent les brancards à la selle, sur laquelle monte le nègre qui dirige l'animal. A chaque visite ils détellent. Les chevaux bourgeois sont vifs et bien membrés; ceux de la cavalerie sont maigres et mal taillés.

Un Français établi chapelier [1] à Campêche, et qui avait long temps habité la Nouvelle-Orléans, me raconta les anecdotes suivantes : Il venait de payer son tribut au climat, faisant à peine quelques promenades de convalescence; son voisin, Européen replet, nouvellement arrivé, le plaisantant sur son air malingre, lui demandait

---

ne sait point faire le punch. La tasse de café avec le rhum coûte un medio. La bière vient de Nantes, et vaut un quart de pièce la bouteille. Il est bien désagréable, dans un pays aussi chaud, de n'avoir aucun rafraîchissement; les seuls que l'on puisse prendre, sont un verre d'orgeat ou de limonade, avec une goutte de tafia ou de genièvre, le tout pour un medio. Les habitants boivent de grands verres de liqueur, et n'aiment que les choses fortes. Leurs sauces au piment emportent la bouche, et c'est peut-être à ce régime qu'ils doivent plusieurs maladies.

1. Il n'y a qu'un chapelier français à Campêche : un chapeau d'officier s'y paie quarante-cinq gourdes, un repassage sept; les chapeaux blancs cinquante francs.

quand il commanderait ses billets d'enterrement. Ennuyé de ses railleries, il lui dit qu'il ferait mieux d'ordonner les siens, et que, si la maladie l'attaquait, il serait mort en vingt-quatre heures. Le lendemain, le Français à la face rubiconde tomba malade, et fut porté en terre. La prédiction se trouva juste.

Le même Français vivait avec une jolie créole qui lui était fort attachée, quoiqu'il sût qu'elle avait eu une autre inclination. Elle devient enceinte, ils s'en réjouissent l'un et l'autre; mais, oh! désappointement, elle accouche d'un petit nègre : de désespoir elle s'empoisonne.

Ce compatriote nous contait qu'à une certaine époque de l'année les serpents sont extrêmement dangereux : dans la saison de leurs amours et lorsqu'ils ont des petits. Étant un jour à la chasse à la Nouvelle-Orléans, dans des savanes qui longeaient une rivière, il vit ces reptiles se dresser et agiter leurs dards. Il en tua plusieurs et continua sa route; mais le nombre en devint si grand, ces têtes hideuses fourmillaient de telle sorte, qu'il jugea prudent de rétrograder en marchant avec précaution.

J'appris de lui qu'il y avait une route établie jusqu'à Mexico : des voitures y conduisent, mais ne partent pas régulièrement. Il faut se défier des voleurs.

Le marché et la boucherie semblent être le lieu des réunions du matin. On prépare horriblement la viande, et la meilleure a mauvaise mine, à cause de sa manutention en bandes étroites. On trouve, au marché, les productions du pays. Le poisson y est à bon compte. Ce n'était pas la saison des huîtres. J'y ai vu peu de fruits. A côté du riz, des haricots, des navets et de petits choux qui annoncent une mauvaise végétation, on choisit des ananas exquis [1].

D'énormes tortues que l'on débite, sont placées dans leurs enveloppes aux yeux des acheteurs. Les fourmis se multiplient dans les maisons dont elles tapissent les murs; les scorpions et autres reptiles sont aussi communs. Nous pensions ne plus rencontrer de moustiques, et pouvoir enfin respirer, mais, à notre grand déplaisir, nous en trouvâmes encore. Nous étions exposés à leurs piqûres jour et nuit, tandis que dans les endroits où ils abondent il y en a peu pendant le jour.

Je n'ai pas vu d'établissement de bains; les personnes les plus riches ont chez elles des baignoires en bois. On transporte l'eau dans de petits

---

[1]. On les paye un réal. La volaille est abondante ; le vin est à très-bon compte. Une infinité de traiteurs économiques donnent à manger en face le marché : on peut déjeuner avec deux réaux. Les oranges et les bananes sont fort chères.

barils sur un brancard qu'un mulet traîne; les charrettes du pays sont garnies de cordes et roulent sur deux roues basses et sans jantes [1].

Campêche est bâtie sur un rocher, aussi le pavé des rues est-il inégal et fatigant, mais on s'occupe à les unir. La chaleur y est très-forte l'été. Pendant l'hiver, lorsque le vent du nord souffle, le climat approche de celui de l'automne en France. Les fièvres sont rares, et le pays est très-sain; son aspect me rappelait l'Italie. Des trottoirs sont établis de chaque côté des rues. On occupait les forçats à faire sauter des rocs et à porter de la terre. Ceux que l'on prenait en état d'ivresse étaient aussi condamnés à ces travaux.

Il est dangereux, dans cette république, de se livrer à un mouvement de vivacité; le moindre coup peut faire vider, par ordre des autorités, une bourse bien garnie. Le duel n'offre pas plus de sécurité au vainqueur : celui qui tue est pendu; bon moyen pour en dégoûter.

On y aime beaucoup le jeu, et il s'y perd de fortes sommes : c'est une espèce de loto. Certains habitants sont extrêmement riches; mais quels plaisirs retirent-ils de leur fortune ? Aucun.

Les femmes suivent les modes espagnoles, sor-

[1]. Un charron serait bien nécessaire à Campêche.

tent peu et avec des mantilles. On les aperçoit souvent derrière leurs persiennes, ou à leurs grandes fenêtres à travers leurs barreaux de bois qui s'avancent dans les rues et présentent un aspect triste. Les carreaux de vitre sont rares. Les femmes, quoique en général maigres et pâles, ont une physionomie assez agréable. Elles portent peu de bijoux et ont une mise simple. Celles du peuple sont mal chaussées, et leurs larges pieds jurent dans un soulier de soie bleue. Le soir et les jours de fêtes, elles s'asseyent devant leurs portes; les dames et les demoiselles, vêtues de blanc, fument le fin cigare[1]. Il en est qui sont très-bonnes musiciennes, elles pincent de la guitare et touchent du piano avec goût. Je m'arrêtais quelquefois sous leurs balcons[2], pour avoir le plaisir de les entendre, surtout pendant la nuit. Plusieurs ont l'imagination romanesque et se livrent à la poésie; j'en connus une qui traduisit en vers, le poëme sur le *Mérite des Femmes*, par Legouvé. Elle avait aussi passé beaucoup de temps à un ouvrage du célèbre Carnot, sur les fortifications. C'était un singulier choix.

1. J'ai eu souvent occasion de voir, le dimanche, de jeunes Campéchiennes, assises devant la porte de leur pensionnat, ayant toutes la cigarette à la bouche.

2. Les maisons qui ont un premier ont un beau balcon.

Campêche avait donné le jour à un jeune poëte qui promettait beaucoup : semblable au diamant, il n'eût fallu qu'un bon lapidaire pour le faire briller dans tout son éclat.

La case que nous avions louée consistait en une maison en ruine; nous étions convenus de donner trois piastres par mois. J'avais fait connaissance avec un Européen qui habitait en face. Il allait souvent à Tampico se livrer au commerce de cigares. Un soir, je le trouvai tête à tête avec une charmante Mexicaine; elle voulut baisser son voile, mais il s'y opposa, et nous fit prendre des rafraîchissements. Prétextant ensuite un rendez-vous, il disparut en ajoutant qu'il reviendrait sous peu, m'engageant à tenir compagnie à la belle Campêchienne qui faisait mine de sortir. Je fus fort maussade, et elle dut prendre une mauvaise opinion de la galanterie française. Il m'avoua depuis qu'il n'eût pas été fâché que je fusse parvenu à captiver sa maîtresse qu'il voulait quitter.

Campêche est fédération centrale, et ne dépend d'aucun gouvernement, ce qui pourra, par la suite, lui occasionner quelque guerre avec Mexico. La presqu'île de Yucatan peut mettre sous les armes cinq cent mille âmes.

Les Campêchiens ont fait construire en dehors des remparts une promenade qui a coûté une somme énorme. Elle est admirable ; si les siéges et les pilastres étaient de marbre, on pourrait se croire à Rome. De vastes bancs de pierre, en forme de sophas, permettent aux promeneurs de se reposer lorsqu'ils sont fatigués ; des arbres de différentes espèces lui servent d'ombrage. Dans le milieu sont placés quatre vases sur des piédestaux : cet endroit est réservé pour y poser une statue représentant l'Amérique. La promenade est entourée de grillages fortifiés par des pilastres sur lesquels sont des réverbères qui répandent une clarté éblouissante ; des dalles en pierre, aussi unies que le marbre tapissent le chemin. Nous fûmes nous y promener le jour de Noël. Les troupes, marchant au son d'une musique guerrière, faisaient des évolutions. La foule était immense ; les voitures circulaient, avec rapidité, en dehors. Je contemplais avec délices cette réunion brillante. Un ciel étoilé et une chaleur tempérée par la brise du soir, donnaient un charme particulier à notre course nocturne. Mon œil n'avait pu distinguer la pierre du marbre, l'illusion était complète, et, après avoir habité si longtemps les simples cases de palmier du désert, ce lieu devait me paraître enchanteur.

L'infanterie est nombreuse, mais il y a peu

de cavalerie. Les troupes ont à peu près l'uniforme français. Les musiciens ont des shakos semblables à ceux des lanciers polonais. Ils cherchent à se perfectionner ; aussi entend-on fréquemment des fanfares sur différents points de la ville. Les officiers ont plus ou moins bonne tenue. Il y en a qui manquent des premières connaissances ; ils sont souvent en uniforme avec l'épaulette et un chapeau rond.

Après la retraite, les factionnaires qui gardent la citadelle répètent l'heure qui sonne : de cette manière on connaît ceux qui s'endorment.

Les maisons de campagne et les jardins cultivés rendent les environs fort agréables [1].

Sur la place de l'Indépendance, qui date de 1821, est la plus belle église ; la douane y exerce ses fonctions, et plusieurs postes la garnissent. Lorsque l'on rencontre le viatique ou que l'on passe devant une église, il faut ôter son chapeau et se mettre à genoux. A Mexico, si un Français s'y refusait, il serait lapidé. Le genre de vie des moines, au dire de quelques Français, n'est pas des plus exemplaires. Ces derniers leur proposèrent un jour de les introduire dans un couvent de jeunes religieuses, s'offrant

---

[1]. Le tabac est bon marché et de bonne qualité ; on a cent cigares inférieurs pour un réal et medio. Le mille vaut vingt-cinq francs.

de payer un splendide repas. Souriant à la proposition, les moines l'eussent acceptée sans leur état d'ivresse et l'heure indue; ils remirent la partie. Et c'étaient des représentants de Dieu!

A Mexico il y a peu de voleurs, et on les redoute plus par les toits que par les portes; aussi les chiens de garde sont-ils placés au dernier étage.

Le Campêchien est vif, enthousiaste; chérissant son indépendance, il sait l'apprécier, et serait prêt à tout sacrifier plutôt que d'y renoncer. Tour à tour soumis à un empereur, à une république, ils ne sont devenus indépendants qu'après avoir subi plusieurs sortes de gouvernements. Sentant tout le prix de l'instruction, il en est qui envoient leurs enfants en France. Avec de l'esprit naturel et un jugement sain, ils ont des connaissances qui m'ont étonné. Ils lisent beaucoup et possèdent la clef de plusieurs langues. Un jeune Mexicain, assez instruit, me dit que les Français étaient très-mal vus dans son pays pendant la première guerre d'Espagne. « Et pourquoi? lui demandai-je; pouviez-vous aimer les Espagnols qui vous tenaient sous le joug? » Il me répondit avec beaucoup de vivacité : « Parce que nous voulions être libres, était-ce une raison pour désirer l'esclavage d'une autre nation? » On voit que leurs idées d'indépendance s'étendent sur les deux mondes.

Il y a une petite quantité de nègres des deux sexes. Les habitants de la campagne viennent au marché avec l'espadrille, et sont généralement indigènes. Je n'ai point fait l'éloge de cette classe, elle est encore peu civilisée, et sans aménité à l'égard des étrangers. Les Mexicains des cités sont polis, instruits et bienveillants pour les Français; leur mise, leur conversation, leurs sentiments, les assimilent aux Européens; si leurs institutions ne peuvent encore rivaliser avec les nôtres, ils ont au moins fait preuve de persévérance dans leur conduite, n'ayant d'autre but que le maintien de leur liberté.

Les Campêchiens aiment beaucoup les fêtes et en donnent souvent. J'assistai, peu de jours avant mon départ, à celle des taureaux. On avait disposé une vaste enceinte autour de laquelle flottaient les drapeaux de diverses nations. Des échafauds et des loges, ornés de draperies variées, étaient destinés aux spectateurs; les remparts étaient couverts de curieux. Chaque fois qu'un combattant entrait en lice, une musique guerrière faisait entendre ses accords. Des Mexicains de la basse classe, ayant des habits rouges, cherchent à irriter l'animal, et esquivent ses coups avec beaucoup d'adresse en lui présentant une espèce de flamme; mais il arrive

quelquefois qu'ils sont atteints, et l'animal furieux les tuerait si leurs camarades ne venaient
à leur secours. Je voyais avec peine la foule
laisser échapper des éclats de rire lorsqu'un
combattant tombait. On cherchait à rendre
méchant un animal pacifique, et l'on habituait
le peuple au spectacle du sang, tandis qu'il a
besoin d'être calmé par des scènes touchantes.

Il y a des usages, au Mexique, qui scandali-
seraient en France, même dans les réunions po-
pulaires, et sur lesquels il ne m'est point permis
de m'expliquer, tant ils me parurent inconve-
nants.

La population de Campêche est d'environ dix-
huit mille âmes. Les jours de fête, la ville paraît
déserte, et ressemble à une ville de province de
France. A midi, vous ne rencontrez personne;
chacun se repose dans son hamac, fait la sieste,
ou s'y balance avec indolence. On couche sur
des espèces de cadres semblables à nos lits de
sangle; on ne fait point usage des matelas, à
cause de la chaleur.

Mérida, ville de la fédération centrale, est à
quarante lieues de Campêche; sa population est
de trente mille âmes.

On me parla d'un quadrupède qui existe dans
les environs de Campêche, qui a un superbe diamant sur le front; mais, pour qu'il ait du prix,

il faut qu'il soit extirpé sur l'animal vivant ;
sans cela il n'est plus estimé. Je crois ce récit fabuleux [1].

Si les Français aiment à porter des bijoux de
prix, ils veulent les faire voir : les Mexicains
sont plus modestes ; ils ont des bretelles à boucles d'or qui leur coûtent une once [2]. Je vis deux
superbes perles en épingle sur la poitrine d'un
passager ; elles venaient du golfe du Mexique.

Les nuits longues de ces pays sont assez tristes : aussitôt le soleil couché, il faut placer son
moustiquaire, espèce de prison peu aérée, dans
laquelle on peut du moins jouir de quelque
repos.

J'ai voyagé sur un navire mexicain ; le capitaine était rempli d'urbanité, malgré la brusquerie habituelle des marins. Il faisait exécuter
ses manœuvres avec ordre et sang-froid, et tous
les calculs maritimes auxquels il se livrait déno-

1. On n'a point de lait à Campêche ; je n'y ai point vu de vaches. Le
beurre y est salé, et vient des États-Unis. On y mange d'excellents fromages, mais qui viennent de l'étranger ; l'huile y est détestable.

L'agriculture est encore bien arriérée. Les Mexicains auraient bien besoin d'aller à l'école de nos bons fermiers de France, afin de tirer parti
de leurs bestiaux, et principalement du laitage ; car, malgré la chaleur,
on pourrait creuser de bonnes laiteries.

Le vin en fût, qui ne se conserve que quinze jours au Guazacoalcos, se
comporte bien à Campêche pendant une année, quoique exposé à la chaleur, puisqu'il n'y a pas de caves. Le bois est rare et cher.

2. Environ quatre-vingt-seize francs de France.

taient qu'il possédait la connaissance de son état.

Il y a de fort jolis coquillages et des oiseaux de belles nuances jaunes et rouges. Je regrette de n'avoir pas emporté un cardinal, charmant oiseau rouge et huppé, dont le prix est élevé.

Je laissai à Campêche trois de mes compagnons du Guazacoalcos, deux étant partis pour la Nouvelle-Orléans; celui avec lequel je logeais était musicien, bon mathématicien et fort instruit. Il resta chez un négociant français en qualité de précepteur de son fils, qu'on destinait à la marine. Ce Français avait de bons appointements, la table et le logement, et donnait, en outre, des leçons de musique à un régiment. Si sa santé s'est rétablie, il aura gagné de l'argent. Il avait laissé à Paris une jeune femme; je n'ai jamais su s'il était revenu ou s'il avait eu le sort de nos camarades. Lors de mon départ, il me dit en pleurant qu'il ne pourrait supporter son isolement. Un autre jeune homme, étudiant en droit, se fit tourneur sans en avoir les premières notions; il fit preuve d'assurance et d'adresse. Le colon qui avait dérobé les doublons entreprit des travaux de construction; il aura peut-être fait fortune : je la leur souhaite à tous.

CHAPITRE XIII.

Départ pour la Jamaïque. — La visite du commandant de marine. — Les tonneaux remplis d'or. — Les négociants mexicains. — Reconnaissance de deux navires. — Nous pensons chavirer. — Le Caïman. — Prédiction d'un jeune Mexicain. — Avarie. — Les montagnes Bleues. — Le pilote noir. — L'amour-propre et la misère.

Mon séjour à Campêche ne s'est pas prolongé au delà d'un mois. Au moment où le général mexicain allait ouvrir une souscription en ma faveur, il fallut, le 20 janvier, me rendre à bord de l'*Indious*, brick mexicain, sur lequel j'obtins mon passage à des conditions avantageuses. Je payai ma traversée avec le prix de quelques effets, de livres et le *Cours d'agriculture* de Rozier, dont je me séparais à regret; je fis aussi

échange, contre quatre boîtes d'excellents cigares, de l'un de mes pistolets d'honneur que
la république avait donnés aux enfants de Brissot : j'espérais tirer parti de ce tabac à la Jamaïque. Dans les moments difficiles on ne tient
plus à rien ; l'idée fixe du retour me faisait
tout sacrifier.

Le capitaine Bassot était un excellent marin ;
ses procédés furent, à mon égard, remplis de
délicatesse. Notre voyage n'offrit rien de bien
intéressant ; nous eûmes presque toujours des
vents debout.

Avant de mettre à la voile, le commandant de
la marine vint nous visiter avec des soldats,
prétendant qu'il était sur les traces d'un déser-
teur ; mais il avoua après, qu'il était à la recherche de deux mille onces que l'on avait em-
barquées sans payer de droits. Il en fut pour
ses perquisitions et une nuit blanche, malgré
les sentinelles qu'il avait apostées sur tous les
points. Nos passagers mexicains s'étaient mis à
l'abri de toutes poursuites : leur or était roulé
autour de leurs jambes ou artistement suspendu
et cloué dans des linges aux douves des barriques. L'un de ces négociants à la vue de la pirogue du commandant de marine, m'avait, avec
précipitation et sans que je susse pourquoi, rempli de doublons les poches de mes vêtements ;

le soupçon d'une semblable contrebande ne pouvait planer sur un pauvre Français comme moi.
Une fois en pleine mer, je les regardais avec un
sentiment involontaire de tristesse, tirer leurs
bottes, défoncer leurs tonneaux, d'où s'échappaient des monceaux d'or.

Pendant la traversée, la vue de deux navires
qui semblaient faire voile sur nous causa une
alarme générale : si ceux qui les montaient étaient
Espagnols, les Mexicains devenaient leurs prisonniers ; s'ils avaient affaire à des forbans,
leurs piastres étaient également perdues. Lorsqu'on n'a rien, on met son esprit à la torture pour
acquérir : possède-t-on, il est alors préoccupé
de l'idée de conservation. Je riais sous cape de
leur anxiété ; mais, loin de goûter mon sang-
froid ironique, ils me dirent : «Vous êtes Français et pouvez rire de la situation équivoque ;
mais, avec la prise du bâtiment, nous perdons
notre or et la liberté. » Enfin, au grand contentement des Mexicains, ces vaisseaux prirent une
autre direction. La vue d'un brick les inquiéta
encore ; on hissa le drapeau mexicain, en tirant
un coup de canon pour le faire arriver. Nous allâmes droit à lui ; nous distinguâmes alors le pavillon anglais, et, à l'aide du porte-voix, nous
reconnûmes que c'était un navire marchand venant de Liverpool.

Les câbles de notre mât d'arrière s'étant rom-
pus, la voile pensa nous faire chavirer. Cette
avarie fit changer de couleur les figures du
bord; enfin on parvint à l'amener.

Les passagers mexicains étaient des négociants qui allaient acheter des marchandises à
la Jamaïque; ils fumaient des cigares de la Havane, faisaient honneur à la table du bord et
buvaient d'excellentes liqueurs, auxquelles ils
joignaient des pâtisseries dont ils avaient fait
ample provision; ils me prirent en amitié et me
traitèrent en ami. Les matelots étaient aussi
honnêtes, aussi prévenants, que ceux de la goëlette de Campêche étaient insolents et durs. Un
nègre et un petit mousse servaient à bord.

Un des passagers, jeune Mexicain, parlait
français. Il avait lu plusieurs ouvrages de notre
pays; sa conversation me fit trouver la traversée courte.

Une nuit nous étions assis sur le pont : le navire fendait l'onde avec rapidité, la lune réflé-
chissait son disque argenté dans l'immensité de
la mer. J'entretenais le jeune homme de mes projets à venir, de mes espérances. « Monsieur Brissot, me dit-il, une fois en France, vous aurez
bientôt oublié vos amis les Mexicains. — Je
conserverai toujours le souvenir d'une nation
aussi intéressante. — Puissiez-vous jouir, après

un voyage aussi pénible, après les dangers et les souffrances auxquels vous venez d'être en butte, d'un bonheur constant. Mais, monsieur Brissot, les Mexicains ne sont pas courtisans : défiez-vous des promesses des grands ; leurs paroles veloutées font bâtir de beaux châteaux en Espagne que la réalité a bientôt détruits. Je souhaite que votre nouvelle révolution, si rare par la modération qui la caractérise, porte les fruits qu'elle promet. A votre arrivée en France, vous occuperez sans doute quelque emploi ? — Si je dois compter sur le vif intérêt que m'ont témoigné plusieurs personnages marquants, j'espère qu'ils feront quelque chose pour moi. » (En cet instant, de sombres nuages, poussés par un vent qui s'était élevé tout à coup, commençaient à voiler la lune.) « Certes, un gouvernement né des barricades du peuple doit faire quelque chose pour le nom que vous portez ; puissiez-vous ne pas être trompé dans votre attente ! Je suis bien jeune, cependant souvenez-vous de votre ami de traversée ; le pouvoir et les honneurs changent presque toujours les hommes. Puisse votre révolution être une exception à cet égard ; mais, si jamais nous nous retrouvons, soit en France, soit au Mexique, nous verrons qui des deux s'est abusé ! Ah ! s'il en était ainsi, je regretterais vos rives fortunées. »

La brise redoublait : les nuages s'amoncelaient, la lune avait disparu, et l'orage nous menaçait. Nous quittâmes notre banc de quart, et fûmes allumer le cigare mexicain. Le pied posé sur l'affût d'un canon, nous cherchions à découvrir sur le noir horizon ce qu'il nous présageait. De tristes pensées se succédaient aussi rapidement dans mon esprit, que la vague qui venait se briser contre le navire. L'obscurité, le bruit de la mer qui contrastait avec le calme du bord, donnaient à l'ame une rêverie mélancolique. Nous gardions le silence, et regagnâmes notre hamac solitaire en nous serrant la main.

Nous aperçûmes le Caïman, et, peu après, la pointe de la Jamaïque ; et, quoique nous n'ayons plus que trente lieues de côte, nous fûmes assez longtemps à doubler diverses pointes, la mer étant houleuse et les vents debout. Enfin nous découvrîmes les montagnes Bleues et Port-Royal. Le soleil se couchait, et les nuances diverses que nous offraient ces monts élevés présentaient un spectacle magnifique ; on eût dit qu'ils étaient d'un velours cramoisi. A gauche étaient deux redoutes établies sur des rochers.

Le pilote, nègre du pays, vint au-devant de nous ; sa pirogue allait aux nues et disparaissait aussitôt. Il faut vouloir jouer avec la mort, pour se hasarder ainsi, au milieu des vagues, dans un frêle esquif. Ces pauvres gens avaient des chemises déchirées; ils amarèrent leur pirogue au navire.

Le vent était extrêmement fort, la mer houleuse; les gros câbles des haubans du grand mât vinrent à casser, et pensèrent nous faire échouer au port. Il se rompit, mais nous abordâmes heureusement, au grand contentement de tout le monde.

On ne pourra s'imaginer ce que mon amour-propre a souffert dans ce long et pénible voyage. Il est malheureux d'être né avec un caractère fier. A quelles angoisses l'ame n'est-elle pas livrée dans l'adversité, à la vue de ces riches orgueilleux qui n'estiment que l'or? Il faut dévorer en secret les vexations dues à l'abandon de la fortune. Dans le nouveau monde, ainsi que dans l'ancien, les attentions, les hommages, ne sont adressés qu'à l'homme opulent : on délaisse, on évite celui dont la mise n'annonce point l'aisance.

La résignation m'a été nécessaire dans bien des circonstances. J'ai su endurer une chaleur insupportable avec des habits d'hiver de France, parce que mon linge, peu présentable, ne me permettait pas, comme aux autres, de me mettre à mon aise, parce que je ne voulais pas dépenser le peu qui me restait. J'ai porté constam-

ment un chapeau de paille, pour la même raison.
La sueur inondait mon front, et je m'essuyais à
la dérobée, pour ne pas montrer mon mouchoir sale. Les nègres étaient plus heureux que
moi : ils portaient des chemises en lambeaux,
sans s'en inquiéter.

CHAPITRE XIV.

A bord des navires, Port-Royal¹ présente un aspect pittoresque. Les différentes nuances des maisons, la plupart bâties en bois et en briques,

1. La Jamaïque a été découverte par Christophe Colomb en 1494, et les Espagnols y colonisèrent en 1503. Elle est de forme ovale, et a environ soixante lieues de long sur seize de large. Cette île est traversée par la chaîne des montagnes Bleues.

charment l'œil avide de contempler. Des palmiers et des cocotiers ombragent ces habitations. L'hôpital et l'arsenal se font remarquer par leurs vastes bâtimens. L'élévation différente des cases qui apparaissent les unes à côté des autres imprime au tableau moins d'uniformité et de monotonie. Près de ce bourg est le mouillage des bâtimens de guerre. Kingstown est à deux lieues de cet endroit.

Un navire de guerre était en panne à Port-Royal. On annonça notre arrivée par un coup de canon : des négocians anglais, des douaniers et des militaires vinrent à bord prendre des notes. On offrit à l'officier anglais, à la figure rubiconde et à la mise pincée, de se rafraîchir; il s'en défendit vivement. Quelle retenue pour un Anglais qui n'en fait pas toujours preuve ! A sa tournure guindée, à sa chevelure blonde et bouclée, à son visage enluminé, que couvrait une espèce de lampion britannique, à son importance ridicule, je tournai sur mes talons pour ne pas lui rire au nez.

La plupart des maisons sont bâties sur pilotis; d'autres s'avancent dans la mer. La baie est très-bonne; des balises annoncent le chenal de la navigation.

Nous arrivâmes à Kingstown en louvoyant. Cette ville est située au pied des montagnes.

Bleues, sur la cime desquelles vous êtes étonné, le soir, d'apercevoir les feux de diverses habitations. De ces monts élevés on découvre Saint-Domingue et Cuba. C'est sur ces sommets solitaires que se sont retirés les nègres marrons qui n'ont point voulu supporter le joug de l'esclavage. On n'a jamais pu parvenir à les soumettre; ils vivent en bonne intelligence avec les Anglais, tout en conservant leur liberté.

La ville présente un tableau assez étendu le long du rivage. Les brises de terre, qui soufflent une partie du jour et de la nuit, donnent souvent la fièvre [1]. Les bâtiments ne peuvent entrer avant dix heures du matin, lors de la brise de large. Les maisons offrent le même aspect qu'à Port-Royal; on découvre au loin, dans la campagne, des habitations isolées dont la perspective est charmante.

1. J'allai un jour prendre un bain chaud dans un établissement tenu par un Français; les baignoires étaient de pierre, un nègre les desservait: n'apercevant point de robinets pour réchauffer l'eau, je me tuais d'appeler le noir, en me plaignant de la froideur de l'eau. Il apparaissait aussitôt, et refermait la porte en m'assurant que j'étais dans l'erreur. Je rentrai chez mes créoles, grelottant malgré les trente degrés de chaleur: j'avais la fièvre. Mon hôtesse voulut recourir aux remèdes du pays; mais je me rappelai le docteur de Guazacoalcos, et refusai de rien prendre. Je fis un punch au rhum; je me couchai : vingt-quatre heures après j'étais guéri. Un jeune Espagnol qui habitait sous le même toit que moi avait constamment la fièvre; mais le régime qu'il suivait était bien fait pour l'alimenter : il n'y avait pas de jour qu'il n'avalât une ou deux bouteilles de rhum.

Des navires de différentes nations étaient à l'ancre; je n'en vis point de la nôtre. Il y a fort peu de temps que le pavillon américain hante ces parages. L'île est interdite aux Haïtiens, et les navires de Saint-Domingue qui s'y rendent doivent garder l'incognito. Je n'étais qu'à trente lieues de Port-au-Prince, de mon ami, et j'entrevoyais beaucoup de difficultés pour le joindre. Un étranger qui a habité Saint-Domingue ne peut séjourner à Kingstown. Lorsqu'on a résidé à la Jamaïque pendant trois mois, on est obligé d'annoncer son départ dans les journaux.

La police est extrêmement vigilante et lucrative. Les bons Campêchiens nous délivrèrent des passeports sans aucune rétribution; les Anglais nous en donnèrent en échange de réaux. Ce peuple est tout à fait commerçant; il ne connaît que l'argent. Il fallut assister à des débats judiciaires; l'auditoire était nombreux en blancs, mulâtres, créoles et nègres des deux sexes. Quelques jolies femmes siégeaient dans la salle. La chaleur pensa me faire trouver mal : un négociant opulent nous fit passer avant notre tour. Cette station de près de trois heures me donna un nouvel accès de fièvre, que je gardai plusieurs jours.

Les lois du pays sont assez bizarres : les duellistes sont condamnés à un an de prison pour

dettes, si le combat est jugé légal : les témoins su-
bissent des peines plus sévères. La contrefaçon
d'une signature ou d'un billet conduit au gibet.
Mais la répression que l'on emploie contre la
mauvaise foi me semble dérisoire et devoir l'encourager : un individu qui aura acheté pour
2,000 gourdes de marchandises vient à manquer;
il offre huit ou dix pour cent : si ses créanciers
n'y adhèrent, il est libéré après trois mois de
détention. Combien de gens s'enrichissent de
cette manière !

Passant un dimanche dans une rue de la Jamaïque accompagné d'un créole, on nous frappa
sur l'épaule avec le bâton royal, en nous som-
mant, au nom du roi, de nous trouver à la visite
d'un mort. Douze jurés choisis de la sorte con-
statent si le défunt est décédé naturellement ou
par force majeure.

Je vis un jour un riche Anglais dans un état
complet d'ivresse : le chemin n'était pas assez
large pour lui; on s'empressa de prendre son
bras et de le reconduire : un pauvre noir eût été
mis en prison.

Un docteur anglais, dont les consultations et
les médicaments étaient gratuits, fréquentait
notre habitation; il faisait des salutations avec
un sang-froid imperturbable, sans manquer de
serrer la main à chaque personne, s'accompa-

gnant d'un *How do youd ou, sir?* Si la société eût été nombreuse, il n'aurait eu le temps, dans toute la soirée, que de dire bonjour et bonsoir.

Un autre Anglais venait régulièrement à la case chaque soir. Grand partisan de rhum, sa première question, sa première pensée, étaient : « Y a-t-il du rhum ? » puis on voyait ses yeux se diriger vers la bouteille ; il s'asseyait avec calme, fumait un cigare, et ne prenait jamais congé que lorsqu'il n'y avait plus rien à boire.

Il existe peu d'hôtels à la Jamaïque. La vie y est extrêmement chère [1] ; les pensions bourgeoises sont fort nombreuses et ruinent les étrangers. On ne trouve point de cafés ; nous allâmes prendre quelque chose à un restaurant : nous payâmes les beaux lustres, le service des nègres et les élégants appartements, jurant bien de ne plus nous rafraîchir à si haut prix.

Les maisons sont bâties en bois ou en brique ; elles ont toutes des persiennes et des balcons. Les toits sont de bois : aussi la chaleur est-elle extrême : les thermomètres marquent souvent trente-deux degrés. Dans certaines rues, on a établi des galeries à colonnades. Leur extrémité présente un coup d'œil pittoresque : d'un côté

---

1. Il faut compter, à la Jamaïque, au moins sur trois piastres de dépense par jour.

la mer, de l'autre une belle campagne au pied des montagnes Bleues. La plupart des riches Jamaïcains ont des appartements très-vastes et richement meublés; ils se promènent ordinairement dans d'élégants tilburys ou dans des landaus.

Les femmes sortent peu, et chantent agréablement en s'accompagnant avec le piano; on s'arrête involontairement pour les entendre. On rencontre de fort belles négresses, de très-jolies créoles, et des Anglaises d'autant plus séduisantes qu'elles s'entourent de tous les dehors de la fortune. Les femmes de mauvaise vie sont en grand nombre, mais c'est plutôt par esprit de libertinage que par calcul.

On a construit un beau marché où se trouvent réunies les productions des deux mondes, mais en général à un prix assez élevé. Le vin rouge est cher, le Madère à meilleur compte; le rhum est à bon marché et mérite la renommée qu'il a acquise depuis si longtemps : celui que l'on boit à Paris, malgré son taux exorbitant, n'en a rarement que le nom [1].

Les magasins sont remplis de marchandises variées; des riches étoffes de l'Inde et de l'An-

---

[1]. Il faut faire une grande distinction entre le véritable rhum et le tafia des colonies, et dans la préparation de la canne à sucre, qui est tout à fait différente pour obtenir l'un de ces spiritueux.

gleterre, de cristaux, de verrerie, de salaisons qui forment la principale nourriture des habitants de la campagne : ils appartiennent à divers négociants. Les marchandises anglaises sont à bon compte ; les magasins sont fermés dès cinq heures du soir, et la ville présente alors l'aspect d'un désert.

La population se compose d'Anglais, de Français, de juifs, de mulâtres, de créoles et de nègres.

Le tableau de ces habitants offre un contraste frappant ; dans ce mélange de nations, vous êtes à même d'observer la cupidité sérieuse des Anglais, et celle des juifs, souvent plus répugnante, la légèreté naturelle des Français, la nonchalance du nègre et l'orgueil du mulâtre. Sur le continent, il faut des siècles pour amener des changements ; la fixité semble être le point de mire de tous. Aux Antilles, les habitants sont presque tous voyageurs, et peu se laissent enchaîner par le mariage. Sur la plupart des physionomies sont empreints le type de l'anxiété et le désir de s'enrichir, qui exclut le calme de l'ame. Dans les grandes villes du nouveau monde, dans les colonies, tous les esprits sont tendus vers le commerce ; dans les villes du vieux continent, il faut ajouter à ce besoin de spéculations commerciales cette soif d'honneur et de pouvoir qui dessèche le cœur. L'Indien du Mexique, le sauvage esquimaux, le noir libre, qui vivent avec peu de besoins et de désirs, sont plus proches du bonheur que l'homme civilisé, esclave de ses passions. En Europe, l'ouvrier, l'homme du peuple, est plus exempt d'inquiétudes que le riche, et par conséquent plus heureux. On pourrait leur adjoindre les philosophes, mais en existe-t-il encore réellement?

Kingstown possède un théâtre où jouent des comédiens de diverses nations, mais à des époques peu rapprochées. La troupe n'est pas nombreuse; la dernière, pendant une traversée, pensa périr dans une tempête. Il existe une caserne et plusieurs temples.

Le climat est assez sain, malgré des épidémies qui causent parfois des ravages affreux. Les moustiques troublent encore le sommeil.

La langue anglaise est la plus générale; cependant on parle l'espagnol et le français. Nos compatriotes prétendaient qu'il n'y avait rien à faire à la Jamaïque : je ne suis pas de cet avis: avec de l'activité et l'esprit du commerce, on doit s'y tirer parfaitement d'affaire.

Les waffs qui longent la mer et reçoivent les déchargements des navires à leur arrivée, produisent de bons revenus à leurs propriétaires; mais ils ont des taxes énormes à payer au gouvernement, deux mille onces environ.

La mise des hommes est celle de tous les colons riches : ils portent des pantalons blancs et des habits de drap ; du reste, elle est très-recherchée.

Les créoles et les mulâtres proviennent de l'union d'un blanc avec une négresse. On a peu d'exemples de blanches qui se soient unies à des nègres ; cependant cela arrive quelquefois, et il en naît alors des enfants d'une couleur violette, qu'on appelle marabouts. Un capitaine de navire offrit une forte somme aux parents de l'un d'eux, pour l'emmener en Europe.

J'errais souvent le long du rivage ; j'aimais à regarder les vagues venir se briser régulièrement contre le môle. Lorsque l'on contemple une terre étrangère qu'a foulée un grand homme, on éprouve un sentiment de tristesse et d'admiration ; l'esprit se plaît à fouiller dans les pages de l'histoire des siècles passés : si le présent et l'avenir vivifient l'ame, elle s'alimente aussi de souvenirs. Peut-être, pensai-je, l'intrépide Colomb a-t-il posé le pied sur ce sable brûlant ; peut-être, à cette place, après avoir détruit ses vaisseaux, a-t-il lutté contre son équipage, contre ces Porras qui menaçaient ses jours parce que le destin lui était contraire. Affaibli par la maladie, il lui faut se défendre contre des rebelles ;

il attend en vain des secours du perfide Ovando;
mais, malgré ses désastres, il en impose encore
aux naturels, qui veulent aussi l'abandonner.
Prévoyant une éclipse, il l'annonce aux Indiens
comme un signe manifeste de la colère du ciel
contre eux : ce stratagème lui réussit : dès ce
moment il ne manque plus de rien.

Au Mexique, les hommes sont libres; ici on
trafique de l'espèce humaine, on l'achète à l'en-
chère : un nègre se paie de mille à douze cents
francs; les jeunes négresses sont d'une moindre
valeur, surtout depuis que la question de leur
liberté a été agitée au parlement. Les Mexicains,
en la proclamant, ont voulu qu'elle appartînt
à tous indistinctement. Lorsque je voyais des
nègres enchaînés dans les rues de la Jamaïque,
mon cœur éprouvait un sentiment de tristesse,
et je formais des vœux secrets pour que la philanthropie l'emportât.

J'ai connu un noir qui avait plusieurs habitations; il était tailleur. En général, les nègres
sont bons; avec des traitements humains on
en ferait des serviteurs fidèles et dévoués, et,
jusqu'à leur affranchissement, toute ame géné-
reuse gémira sur cette caste malheureuse. L'é-
ducation des enfants se fait souvent à coups
de fouet : bonne méthode pour abrutir les têtes
les mieux organisées.

Si un nègre vient à vous manquer, on exige réparation de son maître, qui le fait tailler devant la porte du plaignant : on lui administre cinquante coups de fouet.

Il y a à la Jamaïque, ainsi qu'au Mexique, des coqs qui se vendent très-cher; ils font gagner ou perdre beaucoup d'argent. Un jeune Espagnol en acheta deux pour 8 gourdes; il les vendit 50 à Carthagène. Des paris de 2,000 gourdes s'établissent sur eux. L'homme est parfois bien fou, en exposant aussi facilement un argent qu'il a tant de peine à gagner.

Les combats de coqs sont curieux. On en prend un soin extrême : on les numérote, on les pèse, afin d'égaliser la joûte, qui dure quelquefois tout un jour. Un riche boucher de Cuba, passionné pour ce genre d'amusement, ne rêvait que coqs. Apprenait-il l'arrivée de quelques-unes de ces volatilles, il courait les acheter. Le jour d'une lutte, il eût vu avec indifférence la mort de plusieurs de ses bœufs : ses coqs! ses coqs! voilà tout ce qui le préoccupait. Sa femme était loin de le captiver comme eux. Suivi de nègres chargés de sacs de doublons, il regardait avec anxiété ses coqs, dont dépendait le sort de son argent. Je crois qu'ici-bas c'est à qui fera le plus de folies.

Un docteur anglais mourut à la suite d'une

victoire remportée par ses coqs : il est vrai que
son âge était avancé. On me cita un individu qui
donnait 36 gourdes par mois pour en loger une
soixantaine. Leurs chants nocturnes mettaient
en émoi tout le voisinage.

Un autre docteur avait invité, la veille d'un
combat de coqs, plusieurs de ses amis à dîner,
sans en prévenir sa femme, qui fut fort surprise
de voir arriver des équipages et des visites à
l'heure du repas. On demande le docteur : il est
absent. La dame de la maison apprend l'invitation de son mari, à son grand désappointement
d'être prise ainsi à l'improviste. Arrive soudain
le docteur, qui paraît extrêmement affairé ; ses
poches sont pleines d'ail et de poivre, pour disposer ses coqs au combat. A peine salue-t-il
la compagnie. « Ma chère amie, vite que l'on
prépare ces ingrédients.... Bonjour, mesdames.
Lord Selmour, excusez-moi si je vous quitte
si inopinément, mais un combat de coqs m'appelle : vous sentez toute la nécessité de ma présence. Veuillez me remplacer, faire les honneurs. » Et il s'échappe avec préoccupation.
Singulière manière d'inviter son monde !

Je vis avec plaisir la religion se propager dans
les deux mondes. Au Mexique il existe dans les
villages des écoles, et chaque jour les Indiens
font faire la prière à leurs enfans. J'assistai, à la

Jamaïque, à une scène touchante : une négresse, sur le point de mourir, entendait avec onction les prières que lui récitait une femme de sa couleur en lisant la Bible ; mais, lorsque je vis descendre d'un tilbury un curé anglais qui venait l'administrer, j'éprouvai un sentiment pénible. L'humilité devrait être l'apanage des serviteurs de Dieu ; malheureusement ils ne sont point exempts de vanités ni de faiblesses. Heureux les pays où ils peuvent se choisir une compagne! on y compte bien moins d'exemples scandaleux. Quand je vois le clergé se chamarer à l'envi de croix, je ne puis m'empêcher de songer que la seule qu'il devrait porter au fond de son cœur, c'est celle de Jésus-Christ.

Mon séjour à la Jamaïque se prolongeant plus que je ne voulais, je me livrai de nouveau à mon rôle d'observateur[1]. J'aperçus à cheval, un jour de revue, un officier anglais en grande tenue, le

---

1. On ne tire aucun parti des cocos ; et ce fruit, qui est si commun et à si bon marché au Mexique, donnerait en France des bénéfices, n'étant sujet à aucun droit.

Le commerce de la vanille serait très-fructueux ; mais il y a de l'attention à apporter dans le choix. La livre coûte de 25 à 30 francs, et vaut en France 80 francs ; il faudrait faire des voyages sur différents points, pour la recueillir.

Les huîtres sont rares ici et fort chères. On ne les pêche point, comme dans les environs de France, sur les rochers, mais sur des arbres. L'huître s'attache au manglier, qui croît dans l'eau, et dont les branches multipliées s'élèvent au-dessus de la surface de la mer. Il y a une infinité

parapluie à la main pour le préserver des rayons
du soleil. J'avais cru qu'il n'y avait que les soldats du pape qui en fissent usage. La Jamaïque
est triste le dimanche, les magasins sont fermés,
les rues sont remplies d'ordures; la vue d'un
assez grand nombre de maisons délabrées présente l'aspect d'une ville qui viendrait d'être livrée au pillage.

Les habitans de la campagne amènent leurs
marchandises dans des chariots à quatre roues,
attelés de six et même douze bœufs.

Je fis connaissance d'un jeune Français du
Havre, qui avait épousé une créole de ce pays;
elle était blonde et jolie. Il avait voyagé plusieurs fois à la côte d'Afrique sur des navires né-
griers. Ces traversées étaient presque toujours
fructueuses, mais le climat faisait beaucoup de
victimes. Souvent les nègres s'échappent du bord,
et leurs fers les font alors presque toujours
noyer. Cette côte est livrée à l'idolâtrie : les naturels adorent des requins, des serpens, des
singes, des crocodiles : malheur à celui qui ne

---

de fruits de différentes grosseurs et de couleurs variées , dont la saveur est
agréable.

Le blanchissage est hors de prix , et l'on paie bien cher pour faire
massacrer son linge ; les négresses ont un talent particulier pour vous
expédier promptement chez le marchand de toile.

Les tailleurs font payer leur façon deux et trois fois le prix de l'acquisition. La chaussure est très-dispendieuse.

respecterait pas l'objet de leur culte. A la côte de Boni, on jette tous les ans un enfant à la mer pour rendre la baie favorable, et pour qu'elle ne se ferme pas. Si le roi veut aller à bord, il lance deux œufs, l'un en route, l'autre près du navire : si ce dernier ne se casse pas, le roi ne monte pas. On ne permet aux autres pirogues d'arriver qu'après lui.

Aucune relation n'étant établie avec le Port-au-Prince, j'avais l'espoir d'y passer avec un consul anglais qui s'était intéressé à moi, ainsi que le commodore. Après plusieurs voyages à bord des navires de guerre, après de longues stations, après avoir maintes fois pensé chavirer dans cette traversée de deux lieues[1], le capitaine anglais qui allait à Saint-Domingue ne voulut point, en dernier ressort, me prendre sans un ordre positif du commodore. Celui-ci prétendit qu'il ne pouvait le donner par écrit, et j'en fus pour mes démarches, mon argent, obligé d'attendre une autre occasion.

Le capitaine, peu jaloux d'une semblable res-

1. Les nègres conduisent leurs canots avec une adresse extraordinaire ; mais, lors du retour à Kingstown, ils ont à lutter contre la lame, et embarquent beaucoup d'eau : aussi les traversées en canots sont-elles fort dangereuses ; les femmes les prennent rarement. Les grandes embarcations sont plus chères : j'étais donc obligé, malgré le péril, de prendre les premières. Je ne fis qu'une fois le passage avec des dames, encore y en eut-il une qui se trouva mal pendant tout le voyage.

ponsabilité, ne voulait point, disait-il, s'exposer
à passer à un conseil de guerre. Si j'avais été à
la Martinique, à la Guadeloupe, il se fût chargé
de moi avec plaisir. Quel ombrage devait porter
un pauvre Français qui cherchait à rejoindre un
ami ? Comment un gouvernement libre pouvait-
il craindre la propagande des Haïtiens. Mais on
la redoutait extrêmement, de peur qu'elle n'a-
menât une catastrophe à la Jamaïque.

Ce refus me désespéra par le retard qu'il apportait à mon retour : aussi, autant je suis sensible à la bienveillance que m'a témoignée le
consul, à toutes les démarches qu'il a faites pour
moi, car il proposa au commodore de me considérer comme lui étant attaché, autant j'ai sur
le cœur l'hésitation de l'officier anglais, et surtout les stations d'attente que ses camarades me
firent faire à bord de leurs navires.

Un jeune Français établi à la Jamaïque avait
apporté de France d'excellents vins, des livres,
des gravures et différentes marchandises. Il allait se mettre à table, lorsqu'il vit entrer deux
personnages d'une mise simple. A leurs grands
nez, il les prend pour des juifs revendeurs.
Ne prévoyant pas leur vendre, cette arrivée le
contrarie. Ils lui demandent à voir ses gravures, ses livres; à goûter son vin, dont ils boivent six bouteilles. Notre négociant français

voyait avec tristesse filer son Saint-Perray, son Bordeaux, son Champagne, en pensant que cette visite lui coûterait cher. Ils demandent du saucisson. « Allons, ajoute-t-il tout haut, mon saucisson y passera. » Il ne se doutait pas que ces messieurs comprenaient sa langue. « Ah ! vous avez du fromage parmesan, » s'écrie en français le grand monsieur à la lévite : « je l'aime à la folie. » Le négociant, interdit, se contente cette fois de penser : « Jusqu'à mon parmesan, que je réservais pour moi. »

L'un des visiteurs, lui adressant alors la parole, lui dit : « Si monsieur veut donner du papier et de l'encre, Son Excellence fera son choix, » en indiquant du doigt l'homme au grand nez et à la lévite simple. Son Excellence!... Le négociant se confond en excuses, et reçoit une commande de 500 gourdes. Il ne regrette plus son déjeûner, et se promet bien de ne plus juger les gens sur l'apparence. Avoir pris pour un juif revendeur une Excellence, le gouverneur de l'île, quel quiproquo, et tout cela à cause de l'habit!

Sur le point de quitter la Jamaïque, après cinquante mortels jours, je résolus d'aller pédestrement à Spanich-Town, capitale de l'île, située à quinze milles de Kingstown. Malgré l'ardeur du climat et le chemin sableux, je fis ce trajet

dans ma journée. Je partis de nuit, sans armes.
Je rencontrai des chariots allant au marché,
et traînés par une infinité de bœufs. On peut
voyager avec sécurité, sans armes, au milieu
des noirs : c'est leur témoigner de la confiance,
et ils aiment cela. Je vis peu de cases. Le chant
du rossignol interrompait agréablement le silence de la nuit : mais les coups de fouet des
nègres, leurs chansons créoles, m'inspiraient
quelquefois de sombres réflexions.

On trouve, à moitié chemin, un hôtel assez
élégant où le voyageur fatigué peut prendre
des rafraîchissemens ; mais ce sont, en général, les tilburys qui s'y arrêtent. Je me conten-
tai d'en considérer l'aspect assez pittoresque,
pensant qu'une halte dans cet endroit porterait
une atteinte trop forte à ma bourse. Il se paie
un droit assez élevé sur un pont qui en est peu
distant. Dans tous les pays, même les moins civilisés, j'ai remarqué que la législation, en fait
d'impôts, marchait à pas de géant. Ne sont-ils
pas les étais indispensables de tout gouvernement ?

Je traversai plusieurs petites rivières très-pois-
sonneuses, en faisant lever des canards, des sarcelles : le gibier est assez abondant. Une chaîne
de montagnes assez basses bordait la plaine,
presque partout en friche. On apercevait çà et

là quelques habitations destinées à des raffineries de sucre; une barrière de bois, sur le bord du chemin, indiquait leur entrée. Les tilburys qui passaient près de moi étaient conduits par des Anglais, ou par des dames à la peau un peu basanée et quelquefois noire; elles portaient néanmoins des ombrelles; tandis qu'exposé à toute l'ardeur d'un soleil brûlant, j'enfonçais dans le sable mes pieds meurtris.

Non loin de Spanich-Town, quelques habitations élégantes dominent la sommité de rocs inexpugnables et sauvages. Comment l'homme peut-il choisir un semblable séjour? La vue de ces espèces de châteaux-forts reportait mon imagination au temps des tourelles crénelées de nos ancêtres.

Un pont de fer extrêmement élevé conduit à Spanich-Town; cette ville est pittoresque. La place des autorités est belle, et le château présente une riante perspective.

Je fus rendre visite au docteur anglais Clark, connu par sa fortune, ses talents et sa profonde bienveillance pour les Français : c'était un maçon des hauts grades, et jamais un frère malheureux n'invoquait en vain ses secours. Cet homme généreux fut désespéré de n'avoir pas le temps d'assembler la loge pour me rendre les honneurs. Il m'engagea à différer mon voyage pour la France, en me proposant de me conduire sous peu en Angleterre; et, me glissant avec délicatesse, dans la main, une assez forte banquenote, il s'excusa du peu qu'il faisait pour un frère [1].

L'auberge où je me reposai, pour laisser passer le fort de la chaleur, était tenue par un ancien officier de la marine française. Il parut surpris en m'entendant nommer. Après quelques explications, j'appris qu'il avait fait partie, avec mon frère, de l'expédition du général Leclerc. Tous les deux, aspirants de première classe, ils avaient fait le voyage avec Jérôme Bonaparte. La conversation de cet officier me rappela ce frère, ami si bon pour moi, et que la fièvre jaune avait moissonné au Cap à vingt et un ans. Espérant échapper à l'influence du climat des Antilles, il nous annonçait son retour; nous l'attendions chaque jour : son extrait mortuaire seul arriva.

Plusieurs arbres d'une étendue immense bordaient la route de Spanich-Town à Kingstown : leurs branchages multipliés et forts auraient permis d'établir dessus un restaurant, un bal cham-

---

1. Ayant désiré connaître cette ville, un frère du poëte Laya, qui eut à Kingstown mille bontés pour moi, m'avait donné, pour ce docteur anglais, une lettre de recommandation, en réclamant toute sa bienveillance pour le fils de Brissot.

pêtre ou un café. En France, ils eussent été l'objet de quelques spéculations bizarres : c'était le mapou. Nous abattîmes aussi quelques fruits du mangoyer : la verdure de cet arbre est magnifique. Arrivé de nuit à Kingstown, je retrouvai avec plaisir ma petite case : on apprécie le repos lorsqu'on est fatigué.

Je ne veux point quitter la Jamaïque sans dire quelques mots du créole chez lequel je logeais. Ancien colon de Saint-Domingue, il s'occupait de courtage, avait joué la comédie française, l'opéra, le mélodrame; c'était un homme universel, très-actif, industrieux. Il avait manqué sa fortune plusieurs fois, il l'avait peut-être faite, mais il était joueur incorrigible. Il savait saisir les bonnes occasions, tirer parti de tout; mais sa mauvaise veine au jeu engloutissait tous ses bénéfices. A un extérieur peu avantageux, à une complexion faible, il joignait un caractère emporté et jaloux. Il vivait, suivant la mode de ces pays, avec une jeune créole. Le mariage, dans ces contrées, ne rapporte pas beaucoup à l'église : chacun se choisit une compagne à son goût; on vit maritalement : ne se convient-on plus, on se quitte; méthode commode, et qui évite des procès en séparation et en divorce. Il est cependant des exceptions, et l'on compte des mariages légitimes.

Notre hôte nous donna un jour la tragédie au sujet de la créole. Son caractère se ressentait des chances qu'il avait au jeu. Il appelait sans cesse ses deux négresses avec ostentation, comme s'il avait eu trente personnes à son service; tandis que souvent les deux pauvres négresses restaient sans occupation, faute d'argent pour aller au marché.

Le colon s'était mis martel en tête : une jalousie mal fondée remplissait son cœur. Il résolut de se séparer; mais, au lieu de le faire sans bruit, il y eut des vociférations, des voies de fait de part et d'autre. La jeune personne, heureusement pour elle, s'effrayait peu de ses menaces. Un matin il arrive avec une hache, aiguise un grand couteau, en disant qu'il veut faire un exemple : il croit sans doute jouer un mélodrame. La créole l'attend de pied ferme, se saisit de l'instrument tranchant, et en est quitte pour quelques égratignures. Une rupture s'ensuivit; elle emporta une grande partie du mobilier, qui était à elle : c'était presque maison à louer. Le propriétaire, à qui on devait, s'en effraya; mais la réconciliation eut lieu quelque temps après.

Je visitai, à la Jamaïque, plusieurs loges de francs-maçons, qui tous vinrent à l'aide du frère étranger! J'eus aussi des relations avec un parent du maréchal Clauzel, négociant qui fut rempli de bonté pour le pauvre exilé. Il m'écrivit une lettre charmante que j'ai conservée; mon départ fut si précipité, comme à Campêche, que, forcé de monter en toute hâte à bord, à mon retour de Spanich-Town, je ne pus profiter du secours que le gouvernement accorde à ceux qui n'ont pas les moyens de retourner dans leur patrie.

CHAPITRE XV.

Le trois-mâts anglais. — Le capitaine Manchot. — Le négociant franc-
maçon. — La cap Tiberon. — La bourrasque. — L'île de la Vache.
— Les récifs de la folle. — Navire perdu à Jacmel. — Suicide du
capitaine. — Jérémie. — Les dorades, les poissons rouges et bleus. —
Les Cayes. — Le toast en l'honneur de la révolution de juillet. — Les
faux bruits. — Réflexions sur l'émancipation des noirs. — Le cabotage.
— La diane. — Le Port-au-Prince.

Je partis à l'improviste sur un trois-mâts anglais commandé par un ancien officier de marine
qui avait perdu la main gauche dans un combat.
J'eus à me louer de ses prévenances et de celles d'un négociant corse qui affréta le bâtiment.

Il était franc-maçon : apprenant mon long et pénible séjour à la Jamaïque, il m'offrit le passage et la table à son bord, sans qu'il m'en coûtât rien. Le navire était censé faire voile pour Curaçao, car il ne pouvait se rendre à Saint-Domingue en droite ligne.

On pense généralement dans la société que la franc-maçonnerie a été instituée pour créer des réunions consacrées au plaisir et sans but philanthropique : c'est une erreur ! Les francs-maçons s'aident mutuellement, et leurs divers rites sont de la plus grande utilité en pays étrangers. La franc-maçonnerie a sauvé la vie à plus d'un militaire, et adouci la captivité d'une infinité de prisonniers de guerre. Désirons seulement de voir apporter plus d'attention dans les choix et dans la distribution des grades ; mais ne cessons de répéter à ses détracteurs que cette institution, reconnue dans les deux hémisphères, est un bienfait pour l'humanité.

Notre traversée n'offrit rien de remarquable ; les mets et les vins étaient extrêmement variés : nous avions à choisir entre l'aile, le porter, le Madère, le Porto, le vin de Bordeaux et une infinité de liqueurs.

Nous fûmes plusieurs jours à doubler le cap Tiberon ; les courants et les calmes nous contrariaient dans notre marche. Nous tirions de longues bordées sans gagner beaucoup; enfin une forte brise nous poussa bien avant en pleine mer. Le bâtiment, n'étant que lesté, penchait horriblement : la cave du capitaine, placée sous son lit, était en désordre; les bouteilles roulaient, se cassaient; une dame-jeanne de genièvre arrosait le plancher et la chambre. Le capitaine se désespérait, non à cause du temps, mais en voyant son genièvre se perdre dans l'espace infini. Je ne pouvais m'empêcher de sourire. *Oh ! goddam ! dear, dear genéva !* s'écriait-il. Dans la crainte de les perdre, il avala sur-le-champ plusieurs bouteilles.

La physionomie du capitaine était belle, mâle; c'était un officier distingué. Il nous chanta en anglais la chanson du marin : je regrette de ne pas l'avoir demandée.

Un soir, nous étions assis sur le pont, occupés à fumer le cigare de la Havane, lorsque je vins à parler du général Lafayette. Je vis avec un extrême plaisir que toutes les nations se plaisaient à lui rendre un juste tribut d'admiration.

Après huit jours de traversée, nous passâmes devant l'île de la Vache, aujourd'hui le rendez-vous des pêcheurs, et autrefois celui des corsaires. Quoique inhabitée, elle est d'une grande ressource pour les Cayes, à laquelle elle fournit du poisson, des coquillages, des huîtres, du bois et du gibier. On néglige sa culture, de peur d'offrir un lieu de refuge aux malfaiteurs.

Nous évitâmes les récifs de la Folle, funestes à tant de navires; plusieurs étaient échoués sur le rivage des Cayes, et j'appris avec tristesse que naguère un trois-mâts bordelais, richement chargé, avait péri près de Jacmel, en se rendant à la Vera-Cruz pour y faire reconnaître notre pavillon national.

Le capitaine, après la perte de son navire, avait disparu : on retrouva en face les débris du bâtiment, et le long des rochers qui bordaient la côte, son corps horriblement mutilé. Des morceaux de papier roulé et déchiré étaient épars sur le rivage. Le capitaine le plus expérimenté peut-il donc se flatter d'éviter les dangers souvent imperceptibles qui existent sur l'océan ? Le trop de précipitation des passagers à mettre un canot à la mer au vent, ce qui ne se fait jamais, causa leur perte. Ce sinistre enrichit plus d'une personne.

Dans cette baie, la chaîne des montages est basse : à la pointe de Tiberon elles sont d'une hauteur extraordinaire. J'admirai, au soleil levant, des nuages amoncelés qui formaient une espèce de rideau magique autour d'une montagne très-élevée dont la sommité apparaissait seule à nos regards; des rayons de feu ne pouvaient le traverser, et produisaient derrière une infinité de nuances magnifiques.

Les côtes boisées n'offrent aucune plantation ; jadis cultivées, elles donnaient les récoltes les plus riches, les plus variées. De distance en distance on aperçoit sur le rivage de pauvres villages occupés par des pêcheurs qui vivent de poisson, de gibier et de bananes : ils ne craignent point d'aller, dans leur canot, à une grande distance en mer.

Devant Jérémie nous achetâmes du poisson à des noirs qui revenaient de la pêche : il y en avait de toutes les couleurs, de rouges, de bleus, de gris. Nous mangeâmes une belle, dorade dont le goût est exquis. Tous les noirs parlent le créole, qui est un français corrompu; je le compris facilement. Ce langage me plut : il a quelque chose de doux, de tendre, qui charme l'oreille.

L'aspect des Cayes[1] inspire la tristesse : des waffs mal entretenus, où l'on risque de se casser bras et jambes, attestent la stagnation du commerce. Des toitures démolies, des rues remplies d'herbes, l'encadrement de vastes maisons où sont pratiquées une infinité de fenêtres, et où il n'existe plus que des murs noircis, tout rap-

---

1. Cette ville a été entièrement ruinée, en 1831, par une affreuse tempête qui a tout dévasté. La mer avait plus de cinq pieds d'élévation dans la rue principale, et les navires furent jetés bien avant dans les terres.

pelle le soulèvement des nègres; ses ruines retracent les terribles incendies qui ravagèrent l'île. Ce tableau semble couvert d'un voile funéraire.

On a élevé sur la place publique une espèce de mausolée aux mânes de Pétion; il est entouré d'une grille en fer. A l'époque de l'anniversaire de l'ancien président, on le couvre de drapeaux haïtiens [1].

Les rues n'offrent que des pierres mal dispersées et des ruisseaux souvent croupis; l'air est cependant assez sain aux Cayes, à Jérémie et au

1. Je m'arrêtai sur cette place pour lire l'inscription d'une pierre funèbre. Mon pied venait involontairement de fouler la cendre des morts. Un soupir s'échappa de ma poitrine, je songeai à mon frère; j'eusse voulu pouvoir aller au Cap verser quelques larmes sur sa tombe. Mais qui eût pu me l'indiquer? Aucun monument ne consacrait, sans doute, la mémoire de ces malheureuses et innombrables victimes.

J'avais compté sur mes frères des Cayes et sur une assemblée maçonnique qui eut lieu peu après mon arrivée; mais une différence dans les prénoms de mon diplome avec ceux de mes papiers fit croire que c'était un parchemin trouvé, et j'eus le déboire d'être soupçonné de présenter une pièce qui ne m'appartenait pas. J'exhibai des lettres de personnages marquants, et l'erreur fut reconnue; mais il n'était plus temps de réparer cette injuste prévention, j'allais partir.

J'ai oublié de dire quelques mots sur la peine que l'on éprouve à s'accoutumer aux divers genres de nourriture de ces contrées. Au Mexique, il faut avoir la bouche ferrée pour manger les mets que l'on couvre de piment. La cuisine anglaise est aussi fort relevée; mais on passe souvent d'un extrême à l'autre : ou des plats extrêmement épicés, ou d'autres d'une fadeur insupportable. Un jour, je pleurai à chaudes larmes en mangeant à bord ma part d'un poulet; le capitaine Marchand riait aux éclats, en me versant le porter et le Madère à plein verre.

Cap. On dit de Saint-Domingue comme de Paris, que c'est le paradis des femmes, le purgatoire des hommes et l'enfer des chevaux.

Je fus très-bien reçu par le consul Cerfbeer; nous bûmes ensemble le vin de Bordeaux. Son frère était capitaine d'artillerie au service de France. A sa porte je vis flotter le premier drapeau tricolore, auquel il avait fallu renoncer sur la Loire. Mon cœur en tressaillit : la patrie avait donc recouvré ses libertés! qu'il me tardait de toucher son sol! que de fois je soupirai en songeant à la ville du Havre[1]!

Des fêtes brillantes furent données, dans le nouveau monde, en l'honneur de nos couleurs nationales. A la Nouvelle-Orléans, on souscrivit 2,000 gourdes pour célébrer l'arrivée du premier pavillon tricolore. A Port-au-Prince, une réunion de Français et de Haïtiens célébra les journées de juillet. Je me plais à répéter le toast porté, à cette occasion, par l'abbé Echeverria, vicaire à Port-au-Prince : il parle d'un homme trop célèbre, trop vénéré, pour que je le passe sous silence; il était ainsi conçu : « Au patriarche de la liberté, à l'Aristide de la révolution,

---

1. Je n'avais plus que trois ou quatre petites pièces d'or de deux gourdes. Aussi ce fut avec un sentiment de tristesse que j'arrivai à Saint-Domingue, en songeant que j'étais sans ressource. Le consul me fournit les moyens de me rendre à Port-au-Prince.

au citoyen des deux mondes, au général Lafayette, qui, à la tête de la garde nationale parisienne, a montré deux fois aux rois que c'est
en vain qu'ils invoquent la protection du ciel
par des prières publiques, s'ils ne gardent sur
la terre les engagements qu'ils ont contractés
avec les peuples. »

J'appris, aux Cayes, que mon ami Jacquemont
était parti pour la France. Quel allait être mon
embarras! Il fallut encore supporter ce coup
avec philosophie.

J'hésitai à me rendre à Port-au-Prince par
terre. Les chemins étaient beaux; on pouvait
même y aller en voiture; mais la grande sécheresse mettait les chevaux hors de prix. Il fallait au moins cinq jours pour faire ces cinquante
lieues; par mer, il y en avait quatre-vingts.
Il y a maintenant des routes établies pour com-
muniquer avec les villes maritimes. Ces trajets
sont souvent pénibles, à cause de la chaleur et
des détours autour des mornes; mais on peut
voyager avec sécurité : il arrive rarement des
accidents. On rencontre une infinité de villages.

A la Jamaïque, on croyait ce pays en pleine
révolte; ici, on disait la même chose de Kingstown. Rien n'était plus faux. Il pouvait y avoir
des mécontents : sous quel gouvernement que ce

soit il en existera toujours ; mais les personnes
sensées redoutaient un mouvement qui pouvait
faire sacrifier les blancs et les hommes de couleur. A Carthagène, la mort de Bolivar avait
laissé ce pays entre les mains d'officiers ambi-
tieux : la belle Colombie était divisée, le sang
coulait, des proscriptions sans nombre s'effec-
tuaient. A la Martinique, il y eut aussi un mouvement. Le Mexique ne devait pas jouir de plus
de tranquillité : divers partis le livraient aux
horreurs des guerres intestines. Où faut-il donc
aller pour goûter quelque calme ? Dans chaque
pays l'on marche sur un volcan. Où porter ses
pas ? — Dans une île déserte. — Il y avait longtemps, monsieur le voyageur, que votre idée
fixe n'était sortie de votre cerveau.

J'ai émis le vœu de voir les esclaves libres ;
mais, si on leur accorde cette liberté indivi-
duelle à laquelle tout homme, malgré sa couleur, a droit, il faut le faire progressivement : le
sang français qui a arrosé Saint-Domingue offre
un terrible exemple. Les nègres esclaves, ne rencontrant qu'opposition et mauvais vouloir de la
part des blancs, voulurent conquérir leur liberté
à quelque prix que ce fût ; ils mirent tout à feu
et à sang. Si la cupidité, qui enfante l'égoïsme,
n'eût dirigé les blancs d'Haïti ; s'ils se fussent
rappelés qu'ils étaient Français, qu'il s'agissait

de l'avenir d'hommes comme eux, ils n'eussent point imploré les secours de l'étranger : les décrets de la métropole, dictés par la philanthropie, eussent été exécutés sans aucune effusion de sang. En ne voulant faire aucune concession, en voulant conserver des droits révoltants, ils ont tout perdu. La dévastation de riches plantations et l'exil, tels ont été les résultats d'une aveugle obstination à maintenir un passé riche en injustes prérogatives. Ils se refusèrent à marcher avec le siècle, le siècle les écrasa.

Les bills proposés pour la Jamaïque, en faveur des noirs, inquiétaient vivement le commerce, et chacun se croyait à la veille de les voir descendre de leurs montagnes Bleues pour saccager une colonie si précieuse[1].

Accordez la faculté aux noirs de se racheter par le travail, et proclamez, dès aujourd'hui, leurs enfants libres. En agissant ainsi, vous conserverez parmi eux le besoin et le goût de l'occupation. Mais, si vous les émancipez tout à coup, ils ne pourront subir cette transition sans se livrer à des excès de tout genre. Ils renonceront à un travail qui fut si pénible, ils braveront

---

1. Les événements qui se sont passés depuis à la Jamaïque détruisent les craintes et les sombres prévisions que les colons avaient fait entrevoir ; tout donne lieu d'espérer que bientôt les autres nations suivront l'exemple de l'Angleterre, qui n'a pas craint de prendre l'initiative.

les lois de ces colons toujours si durs, ils voudront être maîtres à leur tour. Les noirs aiment les blancs ; ils se rappellent les belles cultures qui ont jadis existé, ils sentent leur incapacité : une liberté subite et indéfinie serait pour des esclaves le commencement de l'oisiveté et de la misère. Traitez-les bien, faites leur envisager la liberté dans l'avenir : ils vous aimeront, ils travailleront sans se plaindre. L'homme a-t-il été mis au monde pour ne rien faire ? Non. Flattez leur amour-propre, récompensez-les avec discernement : ils s'attacheront à vous, ils vous préserveront de dangers, s'il y a lieu. Combien n'en a-t-on pas vu, pendant les guerres de Saint-Domingue, sauver la vie à leurs maîtres aux dépens même de la leur ?

Le désir que j'avais de voir la *Diane,* que l'on me dit être à Port-au-Prince depuis sept mois, me décida à m'embarquer sur un mauvais sloop. Nourriture malsaine, morue, bananes vertes et haricots, composèrent notre table. Chétive mâture, bateau peu solide : la mer couvrait le bâtiment ; le beaupré disparaissait. Tout cela n'était pas des plus agréables ; mais, lorsqu'on n'a pas l'embarras du choix du chemin, il faut marcher, et, avec l'aide de Dieu, on arrive toujours. Je fis cette traversée avec un jeune négociant des Cayes : nous parlâmes commerce et politique. Il prétendit qu'on devrait à la république d'Haïti substituer un royaume.

Nous convenions que le meilleur genre de commerce était d'affréter un navire, et de parcourir les diverses îles des Antilles, au vent et sous le vent. Avec la connaissance parfaite des besoins d'un pays, on peut faire des voyages très-fructueux, et en peu de temps fortune[1].

Nous fûmes, malgré quelques calmes et des courants sans nombre, assez favorisés des vents; et, en cinq jours, après avoir mouillé devant Jérémie, et passé une nuit, à notre insu, au-dessus de récifs sur lesquels le sloop donnait des coups de talon, nous jetâmes l'ancre dans la baie de

---

1. A la Jamaïque, la farine manquait, elle était hors de prix. Notre maïs de Campêche s'y était vendu à plus de cent pour cent de bénéfice. Un bâtiment chargé de farine eût fait alors un coup superbe.

Aux Cayes, dans toute l'île, il n'y avait pas de vin : on l'eût bien placé. Le tout est de bien saisir le moment du besoin ; car, dès l'instant qu'il y a abondance de la chose, on vend à vil prix et à perte. Il ne faut point apporter des vins fins, un vin ordinaire de Bordeaux que la mer bonifie.

Le maïs dans toute l'île est rare et cher ; signe du peu de culture et de l'apathie des habitants.

A la Jamaïque, il y a une infinité de sources de richesses, des objets variés à très-bon compte, et de bonne défaite à Saint-Domingue.

Qu'est-ce qui tue sur terre ou sur mer? C'est la concurrence. Soyez toujours au courant des besoins, des goûts de chaque île ; effectuez des voyages d'un endroit à un autre, à Curaçao, Saint-Thomas; opérez des échanges, et, à moins d'événements peu probables, vous serez payé amplement de vos courses, vous aurez amassé une fortune brillante ; mais il ne faut pas craindre les dangers de la mer, ni une vie laborieuse et pénible.

Port-au-Prince. Le navigateur redoute, avec raison, les parages du cap Tiberon; on en a souvent vu y faire la quarantaine.

De très-loin je découvris la *Diane :* mon cœur palpita de plaisir; mais le capitaine, retenu par les fièvres, me démontra l'impossibilité de m'emmener, son chargement étant plus qu'au complet, et ses passagers très-nombreux. D'ailleurs, il exigeait un à-compte de 200 francs, et je n'avais pas d'argent.

La femme de mon ami Jacquemont promit de m'avancer mon passage; cette espérance ne se réalisa pas. Elle m'offrit l'hospitalité; mais elle avait une fille charmante, et le sauvage Mexicain craignit la gêne, en tête à tête avec deux jolies créoles. Je préférai le toit hospitalier de M. Dantan, frère de l'un des passagers du Guazacoalcos, professeur à Haïti, et d'une bonté rare.

Si je m'étais dirigé, comme beaucoup de mes compagnons, sur la Vera-Cruz, je serais arrivé bien plus tôt en France. Mon désir d'aller à Saint-Domingue me valut un mois de séjour à Campêche, deux à la Jamaïque, et une traversée à peu près aussi longue; mais je tenais singulièrement à voir mon ami Jacquemont, et je présumais que le fils de Brissot devait être bien reçu du président Boyer.

Je fus coucher à bord de la *Diane*, qui mouillait hors de la rade. De tous les colons qui étaient retournés à Saint-Domingue, il n'y avait plus que mon associé, sa maîtresse et deux compatriotes. Un Français de notre expédition y mourut; les autres étaient partis pour la France. En m'approchant du bord, on me prit pour un revenant. La joie fut extrême : les matelots vinrent me féliciter; tous avaient été horriblement malades : qu'eût-ce été s'ils fussent demeurés au Mexique? Le souvenir de nos souffrances passées doubla le plaisir de la réunion.

Voulant absolument m'embarquer, j'allai chez madame de Saint-Macarie, dont le mari se trouvait lié avec ma famille; mais il était en France, chargé d'une mission pour le président. Elle fut hors d'état de m'être utile. Il fallut se résigner à voir s'éloigner sans moi le navire qui m'avait amené sur la terre étrangère. Mon cœur se soulevait à cette idée; mais le bâtiment était vieux; on avait reconnu une plaie, et il devait être condamné à son arrivée, s'il parvenait au Havre. Une autre pensée me consolait : en montant à bord, il fallait renoncer à parler au président Boyer, et j'y tenais beaucoup.

Port-au-Prince se découvre de très-loin : des habitations éparses çà et là dans la campagne, plusieurs forts, des plantations de cannes à sucre, embellissent la côte. On passe sous les batteries d'une redoute pour entrer dans la baie, qui est très-étroite. Si l'on n'arrive pas en droite ligne, on est exposé à louvoyer sur une infinité de récifs.

Le commerce n'était point actif alors, et l'on n'apercevait dans la rade que des sloops et les pavillons de quelques navires marchands de différentes nations.

La ville n'offre rien de remarquable; elle est placée sur un sol aride qui présente une végétation peu animée. Une chaîne de montagnes assez élevées contribue beaucoup à refléter la chaleur, ainsi qu'à attirer sur elle les nuages, avant-coureurs des orages. Les pluies n'ont pas lieu comme au Mexique; elles commencent en mars ou avril, et ne durent que trois mois.

Les rues sont peu unies et souvent escarpées : des rochers à jour, du sable ou des ravines plus ou moins profondes, les rendent peu faciles à parcourir. Les maisons sont presque toutes bâties en bois. Cette ville est sur un tuf, et la réverbération d'un soleil brûlant dessèche tout. L'air de Port-au-Prince est presque toujours mortel à l'Européen qui arrive.

Revenant un soir du port de mer, je me trouvai surpris par un orage : les rues étaient transformées en torrent; et, malgré l'infinité de ponts placés sous les arcades, il fallut se décider à marcher dans l'eau jusqu'aux genoux.

CHAPITRE XVI.

La jeune créole de Saint-Domingue.

En arrivant à Saint-Domingue, un Haïtien qui avait fait la traversée de France avec l'un des colons du Guazacoalcos, me raconta l'anecdote suivante; elle m'intéressa, et je la consignai sur mon album :

Eugène Beaumont était venu chercher dans le nouveau monde une fortune qu'il avait perdue dans son pays. Déçu dans ses espérances, il était parvenu à regagner Saint-Domingue, dénué de toutes ressources. Malgré l'altération de sa figure, causée par ses malheurs, on distinguait encore des traits nobles et l'expression d'une ame de feu. Débarqué à Port-au-Prince, il traversait le port, ne sachant où trouver un asile, et soupirait en songeant à la distance qui le séparait de sa patrie.

M. Dupré, négociant et créole de ce pays, n'avait pas toujours été riche : il savait compatir au malheur. La démarche d'Eugène dénote la souffrance ; il s'informe avec intérêt de la personne chez laquelle il se rend, et s'offre à l'y accompagner. Eugène n'a pas de peine à lui tracer le tableau de ses misères. Hélas! depuis son séjour en Amérique, il n'a connu que la douleur. Après avoir tout perdu dans une fausse spéculation, il erre sans ressources, couchant sur le rivage ou dans le lit de l'hospitalité, suivant les circonstances, et n'aspirant qu'à regagner la France. La position du jeune colon touche le négociant, qui lui propose de venir chez lui. Pénétré d'un accueil aussi cordial, il accepte.

L'habitation de M. Dupré annonce l'aisance : des portraits de famille et des marines ornent le salon. Eugène, demeuré seul, s'abandonne à sa mélancolie habituelle, lorsque, levant lentement la tête, un tableau de jeune femme le tire de ses réflexions. Des yeux bleus, une bouche gracieuse, des lèvres vermeilles, des cheveux blonds qui flottent sur une peau un peu brune, forment un ensemble agréable : une robe noire, un fichu de crêpe, donnent plus d'éclat encore à cette belle chevelure. «Voilà une bien jolie personne, se dit-il : si les qualités de son âme égalent sa beauté, heureux le mortel qu'elle choisira.

Il n'avait pas achevé, que M. Dupré entra avec Pauline de Saint-Marc. Ils trouvèrent Eugène occupé à contempler son portrait. Le négociant lui présente l'original, et recommande le malade à la jeune créole. Ce dernier s'incline, et, ses yeux rencontrant ceux de Pauline, il s'aperçoit que le portrait n'est pas flatté.

M. Dupré quitte de nouveau Eugène pour retourner dans ses magasins. Pauline, avec sa vivacité de créole, accable de questions le jeune voyageur, et, sa curiosité satisfaite, elle plaint ses malheurs. Tout en conversant, il avait aperçu le portrait d'un officier de marine. Pauline porte le grand deuil : ah! sans doute elle souffre aussi; elle a perdu quelque parent, peut-être une mère. Quelle est sa surprise en apprenant qu'elle est veuve!... et si jeune!... Puis, regardant encore le marin, il s'informe si c'est l'image du défunt. Cette question la fait rougir : ce portrait est celui du fils de M. Dupré, son futur, et elle laisse échapper un soupir.

Pauline était née sans fortune : ses parents lui donnèrent l'éducation qu'on peut recevoir dans les colonies. Un riche colon, son parrain, tourna son affection vers elle et l'épousa. Pauline avait contracté cette union pour complaire à ses parents, et sans savoir quelles charges elle s'imposait. Le vieux créole ne jouit pas de la félicité qu'il se promettait : les ans avaient accumulé les infirmités; il tomba malade, et quitta la vie en regardant avec désespoir cette jolie fleur à laquelle il fallait renoncer. Il mourut en laissant à Pauline d'immenses revenus. Sans avoir connu les douceurs du mariage, le bonheur d'aimer ni le plaisir d'être mère, elle devint veuve et maîtresse de ses actions à dix-huit ans. M. Dupré était parent du défunt. Trop jeune pour se mettre à la tête de ses plantations, elle réalisa les capitaux qu'elle se proposait de lui confier, et alla habiter avec lui.

M. Dupré jouissait d'une assez belle aisance; il prit la résolution d'unir son fils à Pauline. Ce parti était avantageux pour l'un et l'autre, et la conformité d'âge devait assurer leur bonheur. Son fils voyageait pour sa maison : Pauline le mettait à même de multiplier ses entreprises; sa fortune devenait colossale. Sans les délais voulus par les lois, il eût déjà tenté d'accomplir son projet.

Pauline ne paraissait pas aussi empressée. Cette union l'engageait irrévocablement, et, maîtresse d'elle-même, elle ne voulait point agir avec précipitation. Le fils de M. Dupré était presque toujours absent; il était brusque, peu galant; en un mot, un vrai marin : ces motifs la rendaient indécise. Les choses en étaient à ce point, lorsque Eugène Baumont arriva.

L'état du malade ne lui permettait point encore de longues promenades. La créole était vive, enjouée : son titre de veuve lui permettait certaines libertés que n'aurait pu prendre une jeune personne sans blesser les convenances. M. Dupré ne connaissait que ses livres, ses cargaisons et ses bénéfices : les entretiens du jeune Français avec Pauline ne pouvaient lui porter ombrage pour son fils, qui était son fiancé.

Eugène possédait des talens d'agrément auxquels il se livrait pendant sa convalescence. Il peignait, dessinait, et avait rapporté des paysages des contrées pittoresques qu'il avait parcourues. Il touchait du piano, et parlait plusieurs langues. Pauline se plaisait à l'entendre chanter des romances. Elle l'avait prié de la perfectionner dans le français et dans la peinture : elle le félicitait de posséder des arts utiles et agréables, et reconnaissait la supériorité de la France sur son pays, où l'on ne parlait qu'un mauvais créole souvent inintelligible. Alors il lui demandait si elle préférerait sa patrie à l'île qui l'avait vue naître, et si elle consentirait à la quitter et à traverser des mers dangereuses. Ah! sans doute elle n'eût pas balancé; mais avec un guide, un ami... et Eugène gardait le silence. Pauline établissait entre le jeune Français et le fils de M. Dupré un parallèle qui n'était pas à l'avantage de ce dernier. La pensée de son union prochaine augmentait son désir de voyager, mais Eugène était loin de l'encourager.

Celui-ci avait demandé la permission de copier le portrait de Pauline, sous prétexte de ne point laisser sécher ses pinceaux. La jolie créole y avait consenti, en s'étonnant qu'il pût y attacher quelque prix; Eugène répondait que ce serait un certificat qui attesterait que, dans le nouveau monde, les femmes peuvent le disputer aux Européennes. Sous le prétexte qu'il rendrait peut-être mieux la ressemblance que le premier peintre, elle voulut qu'il copiât l'original.

Se sentant assez forte dans la peinture, elle voulut aussi posséder le portrait d'un Français à qui elle devait tant de connaissances. Eugène ne fut pas difficile à persuader. La jeune créole, avec un pinceau de feu, rendit, en très-peu de séances, l'image d'Eugène : l'élève avait presque surpassé le maître.

La santé d'Eugène lui permit de faire quelques promenades le long du rivage, ou de s'égarer dans des sentiers solitaires ombragés par des
palmiers. Pauline l'accompagnait presque toujours : son âme ardente et son caractère indé-
pendant la mettaient au-dessus des préjugés ;
elle trouvait un charme secret à ses entretiens,
à ses remarques instructives. Son cœur était pur ;
elle croyait n'avoir rien à se reprocher. Une aimable aisance présidait à leurs courses agrestes ;
mais tout à coup Eugène remarqua que Pauline
devenait rêveuse ; qu'elle était plus réservée avec
lui, et qu'elle cherchait même souvent à l'éviter. Eugène, de son côté, voyant sa santé rétablie, songeait à retourner en France et à quitter des lieux qui devenaient si dangereux pour
lui.

On signale le navire que commande son fiancé ;
M. Dupré vient l'annoncer. Le marin est encore
une fois au port, et il espère qu'elle le retiendra
un peu plus longtemps à terre. Pauline rougit,
garde le silence, et, levant les yeux sur Eugène,
elle s'inquiète de sa pâleur. M. Dupré leur apprend encore qu'il a obtenu le passage de ce dernier pour la France sur un navire qui doit partir
sous peu. Eugène le remercie, mais Pauline est
prête à se trouver mal. Il vole vers elle, rejetant
cette vive émotion sur l'arrivée d'un époux et

le départ d'un ami... Pauline reprend sa vivacité habituelle, mais elle fait promettre à son jeune instituteur, en le regardant avec anxiété, de ne pas s'éloigner avant sa permission. M. Dupré se joint à elle; Eugène n'a pas de peine à rétablir le calme dans le cœur de son élève.

La journée était avancée; le navire ne devait jeter l'ancre que dans la nuit. Pauline, après le repas, propose une promenade le long de la mer. Eugène accepte, tout en appréhendant le tête à tête : elle paraît préoccupée. M. Dupré maudit les comptes qui le privent du plaisir de les accompagner, d'embrasser le premier son fils; mais les affaires avant tout : c'est pour ses enfants qu'il travaille.

Nos jeunes gens marchaient en silence; le bras de Pauline s'appuyait parfois avec force sur celui d'Eugène. Le soleil venait de se coucher sous des nuages, présages de la tempête. Le ciel devenait obscur, des éclairs sillonnaient la nue. Eugène et Pauline arrivent à un morne au pied duquel la mer bat avec fureur : une écume blanche baigne ces rocs escarpés; quelques cocotiers et des palmiers ombragent cette plage aride; une verdure desséchée annonce le climat brûlant des Antilles. Eugène, remarquant l'incertitude du temps, propose d'abréger la promenade; mais Pauline, tout entière aux passions violentes qui l'agitent, s'étonne qu'Eugène puisse s'effrayer d'un ouragan; pour lui seul il l'inquiète, habituée à ces bouleversements fréquents de la nature; elle a besoin de s'entretenir avec lui; les moments sont précieux : de cette conversation dépend son sort. Elle l'engage à s'asseoir. Hélas! cette mer agitée, ce ciel en feu, sont l'image de son cœur. Après la tempête vient le calme : puisse-t-elle l'éprouver encore!

Eugène s'assied en silence; son âme est émue. Que va-t-il apprendre? Pauline ne sait si, en France, elle blesserait les convenances; s'il lui serait permis de faire l'aveu de ses sentiments : dans son pays on est plus indulgent, les langues sont moins malfaisantes; chacun s'occupe de ses affaires; elle ne craint point d'ouvrir son cœur. Sa position sociale, sa fortune, la rendent indépendante; elle peut donc, sans contrainte, se livrer aux impressions de son âme. Eugène a éprouvé des malheurs; il est étranger : elle doit s'intéresser doublement à lui. Ses qualités, ses talents, ont établi un parallèle peu avantageux à l'égard du fils de M. Dupré. Elle n'éprouva jamais pour lui que de l'indifférence; Eugène seul a su rendre ce cœur sensible. Il lui en coûte d'avouer ses secrets sentiments; mais elle aime, et se décide à rompre la première un silence qui pourrait faire le malheur de tous deux.

Pour Eugène, cet aveu est doux et pénible; mais, hélas! lorsqu'il envisage l'avenir, lorsqu'il songe aux obligations que lui impose la reconnaissance, lorsqu'il réfléchit à d'autres circonstances... il n'a pas la force d'achever, et Pauline ne peut concevoir que l'amour n'aplanisse pas toutes les difficultés. Peut-il voir de sang-froid tant de charmes réunis? Mais aussi comment oublier que M. Dupré est son bienfaiteur, que Pauline est destinée à son fils, et que c'est payer de la plus noire ingratitude l'hospitalité qu'on lui a accordée? Ces considérations, aux yeux de son amante, peuvent mériter quelques égards, mais peut-il les mettre en balance avec son infortune? Son âme agitée hésite : sous trois jours il part; qu'il pèse bien le malheur ou le bonheur de Pauline. Si elle ne l'avait point vu, elle serait tranquille : qu'il répare le mal qu'il a fait. Demain soir il prononcera; elle l'attendra dans le sentier du Palmier, où tant de fois ils allèrent ensemble. De cette décision dépend sa destinée; elle la lui confie dès ce jour, et il y va de sa vie! Des aveux aussi touchants, un amour aussi rare, enivrent Eugène, et cependant il craint d'y répondre; il craint de se laisser entraîner; il ne doit pas... Pauline ne veut que son bonheur; celui d'Eugène est inséparable du sien.

Agités par des sentiments divers, ils ne se sont

point aperçu de l'orage qui les menace. Le vent
souffle, les vagues battent la plage, des éclairs
réitérés traversent les nuages, le tonnerre se répète au loin dans les mornes de l'île, la pluie
tombe. Ils s'arrêtent sous un palmier. Pauline
serre le bras d'Eugène : le ciel est en feu, la foudre tombe à quelques pas d'eux. Étourdie par le
coup, Pauline se jette dans ses bras : elle veut
mourir avec celui qu'elle aime !

Celui-ci l'emporte vivement dans une case voisine. Une négresse leur donne l'hospitalité. Pauline sèche ses vêtements auprès d'un feu allumé
à la hâte. Eugène considère avec mélancolie cette
blonde chevelure que le vent agite. Il paraît rêver. Pauline n'est inquiète que pour lui; près de
son amant elle sera toujours bien : sous la feuille
du palmier ou dans l'habitation du riche colon;
mais elle éprouve un charme secret en pensant
qu'elle peut lui assurer une position confortable.
Eugène la regarde tendrement : un soupir s'é-
chappe de sa poitrine.

Le ciel est moins sombre, la lune commence
à éclairer les nuages que le vent pousse rapidement; la tempête a cessé. Eugène reprend le
bras de Pauline; ils regagnent l'habitation de
M. Dupré. Pauline ralentit sa marche en approchant; elle veut savourer le plaisir de se trouver avec lui. Il doit partir, et cette pensée est

effrayante! En touchant le seuil de la porte, elle lui recommande de ne pas oublier qu'il va décider du sort de madame de Saint-Marc.

Leur présence calme l'inquiétude de M. Dupré, que le mauvais temps contrarie, car l'orage doit apporter quelques heures de retard à son fils. Pauline prétexte de la lassitude, Eugène le besoin de changer, et chacun se retire dans son appartement.

Malgré la pluie, la chaleur était insupportable, comme il arrive dans tous les pays chauds. Eugène, ne pouvant goûter de repos, ouvre doucement sa porte, et va se livrer aux émotions violentes qui agitent son âme. Il veut fuir cette île dangereuse, il sent qu'il n'aurait pas toujours la force de résister à Pauline : ce serait au-dessus des forces humaines. Il partira, sans tarder, pour la France; il ne paiera pas un bienfait par l'ingratitude : il invoque la vertu, il a grand besoin de son appui. Fort de ces nobles résolutions, le calme commence à renaître dans ce cœur agité; mais, lorsqu'il songe qu'il reverra le lendemain son amante, son courage l'abandonne; il s'alarme de cet entretien, il appelle la Providence à son secours.

Pauline, de son côté, n'a point passé une nuit plus calme : des songes effrayants ont troublé son sommeil; une barrière insurmontable s'est élevée tout à coup entre elle et son amant. Réveillée en sursaut, elle cherche à oublier un rêve qui ne s'accorde pas avec son amour.

Le fils de M. Dupré arrive avant le jour : un marin pourrait-il craindre une jeune veuve, lui qui affronte les tempêtes ? Mais celles du cœur, pense-t-il en avalant un verre de rhum, sont souvent plus dangereuses que celles de l'Océan. Il s'efforce d'être galant. Madame de Saint-Marc regarde Eugène avec émotion, en songeant qu'il a peut-être prononcé sur son sort. Eugène est silencieux, et plaint le capitaine, qui essaie en vain de lui faire éprouver un sentiment qu'il a le malheur d'inspirer.

Le marin propose une promenade à bord ; sa présence y est nécessaire. Eugène s'est retiré discrètement, et Pauline semble lui reprocher de la laisser en tête à tête avec un homme qu'elle n'aime pas. Le capitaine est remercié, sous prétexte d'indisposition. Ennemi de la gêne, ce dernier ne sait point insister : il tire sa montre, remplit de nouveau son verre de genièvre, allume un cigare, et sort cavalièrement en saluant sa belle fiancée. Que ces marins sont rustres ! ils ne savent qu'affronter la mer ; à peine s'ils veulent composer avec les tempêtes. Boire et fumer, voilà leur principale occupation : quelle triste existence, et

combien un semblable mari est peu séduisant!
Telles sont sans doute, en ce moment, les réflexions de Pauline.

Le capitaine n'a pu quitter son bord. Eugène,
dans une agitation extrême, se promène sous
des palmiers, près d'un morne qui avoisine la
forêt. La fraîcheur commence à faire oublier
l'ardeur brûlante du midi; l'horizon est de carmin, et le soleil couchant éclaire encore l'Océan,
qui semble une mer de feu. A cette heure, l'âme
est plus disposée à la mélancolie : Pauline marche rapidement, son cœur est oppressé; mais,
ralentissant tout à coup ses pas, elle redoute de
connaître sa destinée. Cependant, à l'idée que
son ami l'attend, elle précipite sa course.

Pauline est tremblante; que va-t-elle apprendre ? Les regards d'Eugène ne présagent pas le
bonheur; qui peut donc s'y opposer? Elle aurait
tant de plaisir à l'accompagner en France! Ses
capitaux sont réunis: elle brûle de partir avec
lui. Ah! si dans l'amour on fait consister la félicité, elle sera heureuse en étant payée d'un tendre retour; Eugène ne saura jamais comme il
est aimé. Chacune des paroles de Pauline l'eni-
vre et le glace d'effroi. Pourquoi n'a-t-il pas
rompu plus tôt le silence. Obligé d'apprendre
à son amante la barrière insurmontable qui
traverse leur union, il s'efforce alors d'arracher

de son cœur cet aveu pénible, et, pâle et tremblant, profère avec un long gémissement ces
paroles : « Pauline..... je suis marié!..... —
Marié!..... » répète-t-elle avec effroi. C'en est
donc fait, son sort est fixé!...

Eugène gardait un morne silence. Pauline,
tout à coup, entrevoit encore une lueur d'espérance; elle veut aller en France et ne pas le
quitter. Qu'il dispose de sa fortune, qu'il rende
sa compagne heureuse : Pauline ne demande que
la faveur d'être emmenée.

Eugène s'étonne de cette résolution, et lui
fait envisager une foule d'obstacles. Ah! sans
doute sa passion l'égare; elle compte trop sur
son courage : pourrait-elle de sang-froid contempler l'ivresse d'une autre? Chaque parole
tendre qu'il lui adresserait serait un coup de
poignard pour son pauvre cœur; elle pourrait
le faire manquer à l'honneur, porter le trouble
dans son ménage, et, de jalouse, devenir crimi-
nelle. Ces motifs font évanouir le seul espoir
qui lui reste. Elle voit qu'il faut mourir, et ses
larmes coulent en abondance. Eugène essaie de
la calmer, en lui disant qu'une fois parti, le fils
de M. Dupré... Le cruel! qu'il n'ajoute pas le
comble à ses infortunes en doutant de ses sentiments.

Ils vont se séparer, se dire adieu pour toujours!... C'est en vain qu'Eugène veut lui faire entrevoir un avenir moins sombre... sa destinée est accomplie. Ne part-il pas pour la France? Ah! du moins, avant de se quitter, au milieu de cette belle nuit, pardonnez à son violent amour, qu'il lui dise une seule fois qu'il l'aime; que, s'il était libre, Pauline serait son épouse. Pour lui refuser cette dernière consolation il faudrait un courage surnaturel. Ah! si le ciel ne lui eût donné une compagne, s'il n'était de son devoir de la rendre heureuse, ces aveux mettraient le comble à sa félicité; Pauline serait sa compagne.... et il tombe à ses genoux.

Que cet aveu a de charme pour Pauline! elle le regarde tendrement. Il l'aime, elle peut maintenant mourir. Eugène cherche inutilement à bannir de son âme ces tristes idées. Voulant abréger un entretien qui les tue, elle prend avec force son bras et regagne l'habitation. Quels combats, et qu'ils sont terribles! Son cœur se brise en songeant qu'elle le voit pour la dernière fois; qu'elle va le perdre pour toujours!... Cependant elle exige qu'ils s'évitent; sa présence diminuerait son courage; mais demain soir, à minuit, Eugène verra encore son amante et lui dira un éternel adieu, tandis qu'elle..... Madame de Saint-Marc ne peut achever, sa voix est étouffée par les sanglots.

Eugène fuit Pauline pour ne point affaiblir sa résolution ; ses effets sont à bord ; il a fait connaissance avec le capitaine qui doit partir avant le jour.

Le dîner d'adieu est triste : Pauline garde la chambre, sous prétexte d'une indisposition ; le marin s'en console avec la bouteille de Madère et de rhum. Eugène prend congé de ses hôtes.

Minuit sonne : Eugène se dirige vers l'appartement de Pauline ; une négresse est à la porte, ses mains cachent son visage. Il entre à pas précipités : des lumières jettent un éclat éblouissant ; des fleurs aromatiques, des orangers, répandent une odeur suave. Le plus morne silence règne et fait tressaillir son âme.

Il s'approche doucement du lit de Pauline, pour ne point troubler le profond sommeil dans lequel elle paraît plongée. Il écarte les rideaux : grand Dieu ! la pâleur de la mort est répandue sur ses traits naguère si beaux. Il se saisit de sa main, elle est glacée ; il la serre, elle est inanimée. Il se jette à genoux en sanglottant. Et c'est lui qui cause sa mort ! l'infortuné ! Il se penche, et imprime ses lèvres sur celles de Pauline : on eût dit alors que ce baiser de l'amour l'avait fait tressaillir.

Quelque chose paraît fortement comprimé sur son cœur : Eugène reconnaît son portrait.

Du bruit se fait entendre; Eugène veut encore contempler son amante et fuir, mais la porte s'ouvre: M. Dupré et son fils apparaissent, ils demandent avec anxiété Pauline!... Eugène est anéanti; mais tout à coup, avec un mouvement convulsif, les yeux égarés, le doigt dirigé vers le lit, il s'écrie: « Elle est là!... là... elle repose d'un profond sommeil!... » Et il s'éloigne comme un insensé.

En pleine mer, le capitaine qui avait Eugène à son bord, voulant remplir les instructions que lui avait données madame de Saint-Marc, lui remet un coffre en acajou. Le jeune passager, pressentant à qui il avait appartenu, l'ouvre avec précipitation. Quelques fleurs cachent une lettre; il s'en saisit: elle renferme les adieux déchirants de Pauline. Pendant cette lecture, le capitaine, sentant ses paupières humides, essuie furtivement une larme, rougissant presque de son émotion; car un marin croit ne devoir point être accessible à la douleur.

Après avoir donné un libre cours à son affliction, Eugène, continuant l'inventaire du coffre, aperçoit un volumineux portefeuille en maroquin, avec cette inscription: *A celui que j'aurais voulu nommer mon époux.* Il l'ouvre en tremblant... Deux cent mille gourdes s'offrent à sa vue!.... Eugène Baumont est riche; mais la félicité pourra-t-elle désormais remplir son existence, et son âme ne sera-t-elle pas sans cesse torturée à l'idée qu'il a causé involontairement la mort de cette jeune créole?

Peu de temps après ce fatal événement, M. Dupré feuilletait avec tristesse ses livres de commerce, et soupirait à l'idée que les rêves de grandes fortunes sont souvent illusoires.

Son fils, le marin, montant à son bord, faisait déployer les voiles, et, en s'éloignant du port, jurait secrètement de ne plus jamais penser au mariage.

CHAPITRE XVII.

Le château du président Boyer est assez pittoresque et d'une grande simplicité : son vaste
jardin est orné de statues, de bassins, et est
planté d'arbres à fruits indigènes. Des officiers
de tous grades se promènent ordinairement, le
jour des revues, sous les galeries, en attendant
Son Excellence.

Le palais du Sénat est aussi d'une grande simplicité, et son aspect assez imposant. Les tribunaux n'offrent pas un fronton assez majestueux : les bâtiments sont en bois; la prison n'en est pas éloignée.

Le président est nommé à vie. Pour les nominations des sénateurs, qui sont amovibles, Son Excellence fait un choix dans trois candidats qui lui sont proposés. Les Haïtiens possèdent de belles institutions, un code civil; mais, sentent-ils bien toute l'importance de leurs lois constitutionnelles? Les noirs ne sont point encore assez avancés en civilisation pour apprécier un semblable bienfait.

On approchait des élections. Je ne sais si elles se passent avec plus d'ordre et de justice qu'elles ont eu lieu, à certaines époques, en France, lorsque l'esprit de parti et le jésuitisme soufflaient la discorde. La fortune n'est considérée pour rien; chacun émet franchement son vote.

Aucun étranger ne peut remplir de fonctions publiques; aussi, tous les blancs sont-ils forcés de prendre une compagne haïtienne, créole, sous le nom de laquelle ils se livrent à diverses opérations commerciales. Cependant le compatriote chez lequel je logeais était un professeur distingué au lycée de Port-au-Prince.

L'église est petite, et ne semble pas disposée
pour contenir un grand nombre de fidèles. J'y remarquai, au milieu de quelques tableaux, une
peinture représentant un autel et deux officiers
supérieurs, l'un blanc, l'autre noir, se jurant
alliance. L'Éternel apparaît dans un nuage; son
visage est blanc. On avait d'abord représenté le
Dieu avec une figure noire; mais les nègres le
renièrent sous cette peau, sans doute parce que,
même à Haïti, ils voient l'autre préféré.

Je vis sur un plateau élevé un poteau avec un
ornement en fer, destiné à recevoir un réver-
bère. On y distinguait une fleur de lis, cachet
de l'époque où les Français possédaient cette
colonie.

En face du palais du gouvernement on a élevé
aux mânes du président Pétion un monument
funèbre ombragé par un palmier : sa mémoire
est chère aux Haïtiens. Les autres chefs qui ont
régné n'ont pas laissé de pareils souvenirs; leurs
actions et leurs dissensions intestines ont tracé
un sanglant mémorandum. L'histoire de Saint-
Domingue offrirait des détails intéressants, des
traits remarquables et des exemples utiles pour
les autres colonies : quelques Haïtiens instruits
pourraient rédiger cet ouvrage; je n'ai lu que
celui du baron Pamphile Lacroix sur les guerres
des Français dans cette île.

Un grand nombre d'Haïtiens possèdent les portraits de nos hommes célèbres, ceux de Napoléon, de Lafayette et de Washington ; le président garde celui de l'abbé Grégoire. Aujourd'hui il y a joint celui de mon père, premier fondateur de la société des Amis des Noirs, dont Grégoire ne fit partie qu'après lui'.

r. Ayant adressé à Son Excellence le président le portrait et les Mémoires de mon père, voici un extrait de deux de ses lettres :

14 juin 1832.

« MONSIEUR,

« Le président d'Haïti me charge de vous accuser réception de la lettre
« que vous lui avez écrite le 5 avril dernier, ainsi que du portrait et des
« Mémoires de votre honorable père, M. Brissot, qui lui ont été remis
« par les soins de M. de Lamorinière. Son Excellence a appris de vos
« nouvelles avec plaisir et a parcouru avec intérêt les Mémoires que vous
« lui avez envoyés. Le portrait a été encadré et placé dans le rang qu'il
« doit occuper chez un peuple qui aime à reconnaître les vertus qui ont
« distingué ceux qui ont su lui rendre justice.

« Veuillez agréer, etc.

B. INGINAC,
Secrétaire général du président d'Haïti. »,

14 février 1834.

. . . .

« Le président d'Haïti, qui a fait répondre à la lettre que vous lui avez
« adressée, a fait acheter une quantité d'exemplaires des Mémoires de
« votre feu père. Ce ne sera jamais à tort que vous conserverez l'opinion
« que les Haïtiens honorent la mémoire de cet illustre défenseur de la
« liberté et des droits de l'homme.

« Je profite avec bien du plaisir, etc.

B. INGINAC,
Secrétaire général du président d'Haïti. »

M. de Lamorinière, parent du général Inginac, m'écrivait en 1832 :

« Je me suis empressé de demander une audience au président d'Haïti,

Le président habite souvent sa maison de plaisance; il voyage dans un modeste cabriolet, escorté par sa garde. J'aperçus sous ses hangars
une voiture richement décorée; on m'assura
qu'elle venait de Napoléon.

La monnaie et le papier n'ont de cours que
dans le pays. Il perd un bon tiers sur l'argent
étranger. Il y a peine de mort contre les contre-
facteurs; on a cependant émis un grande quantité de papier faux. Sur la monnaie est écrit :
*Président Boyer. République d'Haïti. Liberté, éga-
lité.* L'indépendance de cette île date de vingt-
huit ans [1].

Un bonnet qui couronne la sommité d'un palmier au pied duquel sont placés des faisceaux
d'armes et des drapeaux, des canons et des boulets, représentent les armes d'Haïti.

On rédige à Haïti deux journaux, sous le
nom du *Phare* et de la *Feuille du Commerce :*
l'une est la feuille de l'opposition, et l'autre
celle du gouvernement.

Étant à déjeuner chez le consul général Mol-

« Il me l'a accordée avec beaucoup de grâce : j'ai été reçu par lui avec
« bienveillance. Il m'a parlé de vous avec avantage. Je l'ai entretenu du
« désir que vous avez d'être nommé consul à Port-au-Prince. Il vous
« verrait arriver avec plaisir en cette qualité ; mais il a ajouté que, dans
« l'état où étaient les choses entre Haïti et la France, il ne pouvait, en
« ce moment, rien demander pour vous, etc. »

1. J'écrivais ces notes en 1831.

lien [1], je vis passer un convoi que suivaient des créoles des deux sexes et quelques Français. Les parures blanches que portaient les dames contrastaient avec leurs gants noirs et leurs ombrelles rouges, qui se reflétaient sur leur teint un peu basané. Chacun avait des bouquets. Deux chevaux blancs traînaient le corbillard, que recouvraient des draperies garnies d'or. Le cortége marchait aux cris de *Vive la liberté!* cri que l'on faillit mal interpréter, quoique celui de *Vive le président!* y fût généralement associé.

Le défunt, qui comptait à peine vingt-deux ans [2], avait fait ses études en France, et rapporté dans Haïti les lumières qu'il y avait acquises. D'une imagination ardente, imbu d'idées libérales, emporté peut-être par cette vivacité qui caractérise le créole, il rêvait le bonheur de ce pays en voulant consolider ses institutions. Il rédigeait le journal de l'opposition. S'abandonnant trop à la fougue de son âge, un article qui attaquait un haut personnage lui suscita un duel avec son fils [2].

---

1. M. Mollien a eu mille bontés pour moi, et m'a procuré mon passage à bord d'un bâtiment, à la table du capitaine, qui allait à New-York. Les autres navires demandaient 600 francs pour me conduire directement en France.

2. Je l'avais vu le matin du jour du fatal événement, chez la femme de mon ami Jacquemont; il était extrêmement gai. Hélas! il ne prévoyait pas qu'il ne verrait point le soleil couchant!

Ces jeunes adversaires furent sur le terrain.
Peu expérimentés dans les armes, tous les
deux furent blessés; le rédacteur, employé au
lycée d'Haïti, reçut un coup mortel. Des bruits
calomnieux se répandirent; mais la vérité ne
tarda pas à percer, les témoins furent justifiés.
Ainsi descendit dans la tombe, à la fleur de
l'âge, un homme dont les talents eussent fait
honneur à la république d'Haïti.

Le curé, refusant, d'après les statuts, de recevoir le corps à l'église, dit aux assistants : « Si
l'adversaire du défunt fût mort, on m'eût peut-
être obligé d'ouvrir les portes du temple; mais
j'eusse à l'instant donné ma démission. » Des
élèves montèrent sur le catafalque, et prononcè-
cèrent sur le corps de leur instituteur une orai-
son funèbre des plus touchantes.

Après les services funèbres, les personnes du
cortége ne se quittent jamais sans se livrer à la
danse, et sans faire un repas que l'on arrose de
vins et de liqueurs; les dames même sont obligées
de porter de fréquents toasts. En France, une
tristesse véritable ou simulée préside aux sépultures; ici chacun, après avoir prié pour le
mort, s'abandonne au plaisir. Ils croient hono-
rer sa mémoire par des élans de joie. N'ont-
ils pas en quelque sorte raison? Ne doit-on pas
se réjouir de quitter ce séjour de peines et d'é-

preuves ? La mort est l'asile du repos, le commencement d'un plus doux avenir.

Les enterrements, à Port-au-Prince, même des enfants, sont très-dispendieux. Les parents n'accompagnent jamais le corps. Le plus simple revient à 100 gourdes, à cause des frais de toute espèce.

Ce duel causa une vive sensation dans Port-au-Prince. Le président revint de la campagne : divers rapports adressés aux autorités, nécessitèrent des mesures de sûreté publique. Les troupes bivouaquèrent en ville, les postes furent doublés, des destitutions eurent lieu; on offrit même à Son Excellence les têtes de ceux qui avaient le plus marqué dans cette circonstance. Le président s'afflige de la proposition, la rejette avec indignation, et ajoute : « Le défunt était un jeune homme d'un grand mérite; c'est une perte réelle pour Haïti; si j'eusse été simple particulier, j'aurais été moi-même à son enterrement. »

L'affaire est portée devant les tribunaux; on cite les personnes qui se sont le plus mises en évidence. On parle de reclusion, d'amendes, de pertes de droits civiques, et même de déportation. Un des professeurs destitués est condamné à trois mois d'emprisonnement et à 100 gourdes d'amende, pour avoir fait insérer dans un journal un article un peu violent dans lequel il engage la nation à soutenir son indépendance.

Huit autres accusés de conspiration, de trames contre l'état, sont traduits devant le tribunal correctionnel, pour leur conduite à l'enterrement du jeune Français. Trois avocats déploient des moyens de défense où brille toute l'énergie haïtienne. De grandes vérités sont dites; ils sont acquittés à l'unanimité. Cet acte de justice augmentera l'amour des Haïtiens pour Son Excellence.

Parmi ceux qui composaient le cortége, on remarquait d'anciens élèves envoyés par Toussaint-Louverture, en quelque sorte en otage, au premier consul, qui les fit placer au collége de Lamarche.

Le directeur du lycée, ancien officier décoré de plusieurs ordres, était un homme instruit et bon mathématicien. Sa destitution fit sensation. Il créa sur-le-champ une autre maison d'éducation. Nous fîmes à cet Haïtien une visite : c'était un juste tribut à rendre à ses qualités éminentes. Nous sûmes, le lendemain, qu'à cette heure-là même on proposait au président de lui apporter sa tête et celles d'autres prétendus coupables. Nos jours étaient peut-être alors en péril; mais devions-nous craindre de rendre un dernier hommage à l'homme probre que la faveur abandonne?

Je ne me permettrai aucunes réflexions sur ce triste événement; il marquera dans l'histoire d'Haïti. Tels sont les fruits de l'éducation : la jeunesse est enthousiaste, et la reconnaissance sied à de jeunes cœurs qui tressaillent aux mots de liberté et de patrie.

République d'Haïti, avez-vous donc déjà oublié ce qu'il vous en a coûté pour obtenir votre indépendance? le sang qui arrosa votre sol ne le teint-il pas encore ? Un peuple qui l'a conquise doit se montrer digne d'en jouir par son esprit de calme, de modération, pour qu'on reconnaisse la supériorité de ses institutions; divisé par les factions, il passe tout à coup sous la verge du despotisme.

Haïtiens! jadis les Français possédaient votre colonie, brillante alors; mais des hommes justes et généreux vous considérèrent comme frères, et vous firent déclarer libres : pourrez-vous à jamais effacer de votre souvenir les noms des courageux députés de l'Assemblée nationale qui ne craignirent point de s'attirer des haines nombreuses, car ils blessaient bien des intérêts, pour plaider la cause de l'humanité, ne doivent-ils pas être à jamais gravés dans vos cœurs? Ils sont les fondateurs de votre liberté ; votre reconnaissance doit être éternelle, vous devez regarder leurs enfants comme Haïtiens.

Je fus passer un dimanche à une habitation dans la campagne. Sur mon chemin, je remarquai un jardin assez bien cultivé, qui renfermait des végétaux de France. Nous rencontrâmes des noirs et des négresses qui apportaient à la ville des bananes vertes, quelques bottes d'herbe de Guinée, ou de chétifs fagots sur leurs têtes. Oh! que de semblables récoltes étaient peu dignes d'un pays aussi fertile, d'une colonie qui a été et qui pourrait être si productive [1]!

Le sol était pierreux. Nous visitâmes l'un des cimetières; il était vaste : une herbe élevée, une multitude de plantes indigènes avoisinaient les tombes ou entrelaçaient les entourages. Aucune

---

[1]. Les bœufs, surtout dans la partie espagnole, sont à très-bas prix, et, si l'on en exportait à la Jamaïque, où la viande est très-chère, le profit serait considérable. Il est vrai que, dans les mauvais temps, il périt beaucoup de ces animaux; mais le bénéfice doit surpasser la perte. La traversée de la pointe Moran à celle de Saint-Domingue est de peu de jours; mais il faudrait pour cela que la Jamaïque fût ouverte aux Haïtiens, et les habitants de cette île tremblent à l'idée que leur présence pourrait allumer sur-le-champ un incendie terrible, en y portant les flambeaux de la liberté pour les noirs.

Les événements survenus depuis à la Jamaïque modifieront, sans doute, ce régime d'exclusion pour les Haïtiens.

Le sucre est aussi cher qu'en France, et il n'y a rien à gagner sur le café. Ce n'est qu'en vendant les marchandises de France à 75 pour 100 de bénéfice qu'on peut obtenir quelque résultat, la monnaie du pays n'ayant point cours hors d'Haïti et ne valant environ que 50 pour 100.

inscription ne me frappa. Je vis peu de mausolées élégants : à l'extrémité des murs, diverses buttes recouvraient ceux que l'église avait refusé de recevoir.

Il existait un autre cimetière à l'une des extrémités de la ville. J'y remarquai un tombeau élevé aux mânes du chevalier d'Ennery : il se disposait à retourner en France lorsqu'il fut emporté par la fièvre jaune.

L'habitation où nous devions rester la journée, était située sur une colline ; une source limpide baignait le pied de la maison. Le propriétaire, ancien officier supérieur en France, nous reçut avec affabilité. Son père avait été victime, ainsi que le mien, des fureurs révolutionnaires ; nous ne pouvions manquer de nous entendre. Il avait des enfants, dont une jeune personne d'une quinzaine d'années. Le calme de l'innocence, sa taille svelte, ses yeux bleus fixés sur nous en balançant son frère, en faisaient un des plus beaux tableaux du salon.

Nous fûmes, avant le déjeuner, sur une hauteur, entre deux collines escarpées, nous baigner dans une fontaine voûtée qu'alimentait un ruisseau qui descendait avec fracas de la montagne. J'examinai avec curiosité un arbre majestueux couvert de filaments bizarres et prolongés : c'était l'arbre à crin. Le calebas-

sier est assez élevé ; le laurier-rose, superbe ; le
tamarin, très-commun, ainsi que l'acajou et
le bois de campêche ; le premier est bien veiné.
Nous chantâmes dans le bain les chansons de
Béranger, et *la Parisienne* qui venait d'arriver
de France.

Dans la plantation de notre compatriote, il
existait un berceau qu'ombrageaient quelques
ceps de vigne. Pourquoi ne la propage-t-on pas
dans cette île ? il me semble qu'à certaines ex-
positions, sur des pentes douces, on devrait
récolter un vin délicat. Je remarquai sur cette
habitation des bananiers, du maïs, des orangers, des citronniers, des figuiers et de l'herbe
de Guinée. On ne connaît point, à Saint-Domingue, les prairies artificielles : qui s'opposerait
à leur établissement ? quel avantage précieux
n'en retirerait-on pas ? le fourrage est si rare
et si cher pour la nourriture des bestiaux !
Un bon agronome serait précieux ; mais il faut
des bras pour mettre en valeur, pour entretenir des plantations, et tous les habitants sont
militaires, ce qui les détourne fréquemment
de leurs travaux ; ces interruptions patriotiques doivent nécessairement nuire à l'agriculture.

J'eus occasion de voir un albinos. Sa couleur blanche l'eût fait prendre pour un Euro-

péen. Ses yeux bleus supportaient difficilement la lumière, mais il voyait très-bien la nuit.

Nous fîmes honneur à un déjeuner composé de mets choisis en viandes, poissons et végétaux. La conversation s'anima, la politique se mit de la partie : on trouva quelque plaisir à parler de notre gloire passée, on soupira au souvenir de nos pénibles échecs dus à la trahison. La beauté présidait le repas ; chacun exprimait ses sentiments patriotiques avec feu : un vin généreux, des liqueurs agréables échauffaient les esprits ; le doux cigare de la Havane servait parfois de prétexte au silence momentané qui régnait dans l'assemblée.

Un Normand avait promis de nous faire manger un plat d'ortolans : il tint sa parole. Nous trouvâmes ce mets délicat, et digne de la réputation dont il jouit en France.

La journée me parut courte : j'eusse volontiers passé ainsi ma vie ; mais comment se livrer au charme de la campagne, lorsque l'âme est tristement préoccupée ? La mort récente du jeune professeur haïtien avait assombri les esprits, et les blancs ne songeaient jamais sans effroi à un soulèvement des noirs, peu probable il est vrai, mais dont les représailles eussent été terribles pour eux. Notre compatriote, planteur, lisait tout en noir dans

l'avenir de Saint-Domingue, et me faisait là
guerre de ce que je voyais tout couleur de
rose, ne pouvant me pardonner mon enthousiasme pour cette république, ni concevoir mon
désir de venir m'y fixer. Mais dans quel pays
peut-on se flatter de jouir d'une tranquillité parfaite ? Honneur aux Américains, aux paisibles
habitants des États-Unis ! sans ambition, ils sont
agronomes, militaires, commerçants ou représentants de la nation ; leurs vœux, leurs actions,
ne tendent qu'à maintenir leurs belles institutions, leur pacte fédéral. Puissent-ils ne jamais
dévier de la route du bonheur !

Le soleil, menaçant de se perdre derrière les
mornes, nous fit prendre congé de cette intéressante famille. La mère était de la Jamaïque :
son affabilité, ses traits agréables et réguliers,
faisaient regretter que le temps ne respectât pas
même la beauté. Je saluai l'aimable Anna, en
lui souhaitant tout le bonheur dont elle était
digne.

Le propriétaire vint nous conduire jusqu'à
la grille en bois de sa plantation ; et, tout en
lui donnant la main, pour sceller l'adieu ami-
cal, je me disais : Heureux l'homme qui peut
s'éloigner de la société, et trouver la félicité
dans la vie domestique, entouré des siens ! Cependant ce propriétaire pensait à quitter cette

habitation. Serait-il donc vrai que l'homme n'est jamais bien nulle part, et qu'à peine dans un endroit, il voudrait déjà se trouver dans un autre? Funeste effet de l'inconstance humaine !

CHAPITRE XVIII.

Le trait historique suivant mérite d'être cité :
Pétion était à quelque distance de Port-au-
Prince, sur le point d'être fait prisonnier par
Christophe ; un feu nourri se dirigeait sur son
habit galonné, marque distinctive du rang suprême. Pétion, ne voyant plus de salut, se saisit
de ses pistolets, et va les diriger contre lui. Un

de ses officiers, s'apercevant de sa triste résolution, prend son chapeau, le place sur sa tête, et pousse rapidement le général vers la retraite.

Pétion, avec quelques-uns des siens, parvient, sur une frêle barque, à regagner Port-au-Prince. Le brave Courtillien soutient le feu, et, fier de son rare dévouement, tombe bientôt au milieu de la mitraille, victime de son action héroïque. Il sauve Pétion, qui, peu de temps après, eut encore le bonheur d'échapper à une défaite générale et à la prise de Port-au-Prince par Christophe, qui, de désespoir, se donna la mort. Le père de l'officier reçut en récompense, de la république, une pension de 1,200 francs et le grade d'officier civil.

Je logeais sur la place où périt, d'une manière si atroce, le colonel de Mauduit. Rigaud est mis en liberté, le chevalier de Mauduit est sommé de faire amende honorable; il s'y refuse, et découvre sa poitrine : il meurt percé de mille coups. On porte sa tête au bout d'une baïonnette, son corps est traîné par la ville. Deux traits opposés donnent une idée de la férocité et de la bonté des noirs. Une négresse reçoit la direction de l'hôpital pour avoir tenu les pieds du cadavre sanglant du chevalier de Mauduit, lorsqu'on lui tranche la tête. Son domestique, Pierre, rassemble ses membres épars, et, les dérobant à la fureur de ses frères, les dépose en terre, arrose de ses larmes le tombeau que sa fidélité vient d'élever à son maître, et se brûle la cervelle. La barbarie de la première action donne encore plus d'éclat à celle du fidèle serviteur Pierre.

Je trouvai dans un ouvrage intitulé *Les Hommes illustres depuis* 1789, un article flatteur sur mon père, et dans l'*Histoire de Saint-Domingue*, de Pamphile-Lacroix, le suivant : « A l'imitation de l'Angleterre et des États-Unis, il s'était formé à Paris, dès 1787, une Société des Amis des noirs, à la tête de laquelle brillaient une foule d'hommes marquants, tels que les Brissot, les Pétion, les Mirabeau, les Clavière, les Condorcet, etc. »

Je m'entretins plusieurs fois avec des Haïtiens de mon ancien tuteur, Julien Raymond, homme de couleur et commissaire en France. J'appris que sa femme habitait aux Cayes, mais qu'elle avait perdu ses belles plantations lors de l'incendie du Cap. L'abbé Grégoire envoyait encore de petits souvenirs à cette dame respectable.

Je rapporterai une lettre écrite, au sujet du décret du 15 mai, en faveur des sangs mêlés, lettre qu'écrivait Labuissonnière à l'ambassadeur Raymond :

« L'exemple d'Ogé et de ses compagnons, que

« l'on croit un moyen de nous effrayer, n'est,
« au contraire, que pour nous faire vaincre ou
« mourir, lorsqu'il s'agira de la liberté que nous
« offrent nos législateurs, restaurateurs de la li-
« berté française, si l'on veut s'y opposer... En
« attendant ce moment, tous les hommes de cou-
« leur se sont promis d'être tranquilles, de tout
« souffrir, hors la mort, ou la prison qui peut
« nous y mener... On ne nous a jamais vus nous
« attrouper, aller arrêter le courrier pour le dé-
« valiser, et piller les lettres pour connaître le
« secret dont on nous prive de toutes maniè-
« res, pour répandre des bruits à nous alarmer.
« Nous n'avons jamais assassiné personne, ni
« même conçu cette idée, quoique notre sang ruis-
« selle à Saint-Domingue et ailleurs, pouvant
« user de représailles ; mais l'idée que les nègres
« chercheront à dévaster cette belle contrée
« nous a fait suspendre, ou, pour mieux dire,
« renoncer à cela. On nous reproche d'être fiers ;
« cela peut être, mais notre fierté est fondée sur
« la vertu des hommes sans reproches. »

En voyant fouiller des fondations, je remarquai plusieurs éclats de bombes ; je les touchai
avec curiosité : c'étaient des obus du temps de
Christophe. Sur cette terre, le fléau de la guerre
laissait encore des traces de ses ravages !

Plusieurs forts avoisinaient la ville ; j'en distinguai un sur le morne le plus élevé. J'avais peine à m'expliquer comment on avait pu l'établir et l'approvisionner; cependant le pays en possède beaucoup de ce genre. Lors de la construction de ces redoutes inexpugnables, chaque habitant, les négresses même, étaient obligés de porter à dos des matériaux, des vivres, des munitions. Ces moyens de salut public peuvent mettre Saint-Domingue à l'abri d'un coup de main de la part de l'étranger. En cas de guerre, les Haïtiens abandonneraient sur-le-champ leurs villes, et se retireraient dans leurs mornes fortifiés. Laissons jouir cette république de son indépendance, établissons des relations amicales et commerciales avec elle, et ne songeons jamais à la conquête d'un pays qui sera toujours l'écueil de l'Européen.

Un beau tamarin m'offrant un ombrage salutaire, je m'assis involontairement, les yeux toujours fixés sur les fouilles qui s'opéraient; je me reportai au temps où cette colonie secoua le joug de ses oppresseurs, où Jean-François leva le premier l'étendard de l'indépendance. Que d'assemblages extraordinaires dans ce Toussaint-Louverture, qui parvient à se faire nommer général-commandant à Saint-Domingue; malgré son âge avancé, son esprit est encore susceptible de fortes conceptions, et, fier des témoignages d'estime et d'amitié du premier consul, il ne craint pas, sentant ce qu'il vaut, de lui écrire : « Le premier des noirs au premier des blancs. » Victime de la trahison, il vient terminer ses jours au fort de Joux, et celui qui lui assigne cette prison ne prévoit pas qu'un jour il ira lui-même expirer, dans l'exil, sur un rocher battu par l'Océan.

Un nègre africain, Dessaline, profitant des dissensions intestines, se fait proclamer premier empereur d'Haïti ; mais son nom laisse de tristes souvenirs. Son despotisme, ses exactions, sa cruauté, ses luxures, attirent bientôt la vengeance sur lui : il meurt assassiné par ordre des généraux Christophe et Pétion.

Je me représente Christophe, à l'arrivée du général Leclerc, incendiant le Cap par ordre de Toussaint-Louverture. Hélas! mon frère aîné, aspirant de marine, posait alors le pied sur ces monceaux de cendres qui devaient bientôt recouvrir ses ossements, ainsi que ceux de tant de Français! Je le vois, sur ces ruines encore fumantes, embrasser, à son débarquement, la femme de l'ambassadeur Raymond et sa fille. Ils sont en proie au plus sombre désespoir, ils ont tout perdu. Quel triste tableau! quelle entrevue, au milieu du fer et des flammes!

A quoi servirent à Christophe ses combats

acharnés contre ses concurrents au pouvoir ? Ne sachant que se battre et se laisser subjuguer par ses passions , il est aussi obligé de se donner la mort.

Pétion laisse de beaux souvenirs. Peu jaloux de titres, il se contente de celui de président. Doué d'une intelligence précoce que l'instruction a développée, à vingt ans, il se soulève contre le régime colonial, et devient adjudant général de Toussaint, qu'il quitte bientôt, ne voulant point admettre le massacre des colons, et soutient, peu après, un siége mémorable dans Jacmel, avec dix-huit cents hommes opposés à vingt mille. Forcé de capituler, il se retire en France, où le premier consul l'adjoint au général Leclerc ; plus tard, voyant les cruautés des blancs, la mort de Toussaint, le supplice de Rigand, de Laplume, il abandonne les Français et se rend auprès de Dessaline, qu'il combat ensuite, et force à se retirer au Cap.

Les Haïtiens lui doivent quelques bonnes institutions ; mais quel sentiment bizarre l'a porté à se laisser mourir de faim ? En célébrant chaque année son anniversaire, on veut éterniser la mémoire de ses vertus et de ses faits d'armes. De tous les généraux de Saint-Domingue, c'est le seul qui mérite une belle page dans l'histoire de ce pays. Son successeur, le président Boyer, qu'il a désigné avant sa mort, marche dignement sur ses traces. Les autres chefs ne laissent que des souvenirs de sang, quelques beaux faits d'armes alliés à la cruauté. On ne peut cependant leur refuser, en commençant, un ardent amour pour la liberté, qu'ils renient au faîte du pouvoir. Liberté, liberté, tu enfantes des miracles; mais bientôt l'on te délaisse, et tu fais place au despotisme. Le jour baisse, le soleil est déjà derrière les mornes; l'heure du souper approche, je regagne lentement l'habitation hospitalière, en passant encore en revue les hommes marquants de Saint-Domingue.

Le Port-au-Prince est sujet à des tremblements de terre assez fréquents, ce qui ferait soupçonner le voisinage de quelques volcans. Au Cap, malgré la salubrité du climat, les indigènes atteignent rarement soixante ans[1]. J'ai cependant plusieurs fois rencontré, dans les mornes de Port-au-Prince, de vieilles négresses et des noirs d'un âge fort avancé, avec des charges sur la tête. Leur vue me rappelait l'auteur de *Paul et Virginie*. Quelquefois, dans mes courses, j'apercevais des huttes placées dans des excavations environnées de plateaux assez élevés. Un terrain pierreux, une végétation nulle et

1. Il est à remarquer que les habitants des pays chauds vivent bien moins longtemps que ceux des pays froids.

le danger des avalanches, tout portait l'âme à se dire : Comment ces malheureux peuvent-ils avoir choisi une position semblable ?

Une infinité de sources d'une eau limpide descendant des mornes, arrivent à la ville par des canaux pratiqués à cet effet, et alimentent plusieurs belles fontaines de Port-au-Prince. On distinguait, sur une colline, les ruines d'un ancien canal construit du temps des Français, et qui avait dû coûter des sommes énormes.

Je visitai une plantation d'une étendue de trois carreaux (environ trois arpents), sur laquelle croissaient des bananiers, de jeunes cocotiers, des patates, des ignames, du riz, du maïs, quelques cannes à sucre, et toujours l'herbe de Guinée pour prairie.

Le pays souffrait de la sécheresse : à Jérémie, les propriétaires perdaient journellement leurs bestiaux; la route était jonchée de chevaux et d'autres animaux.

J'admirai de très-beaux lauriers-roses, des grenadiers et des rosiers; un pommier de France, qu'on avait payé très-cher, se mourait. L'élévation et la grosseur des résédas en faisaient de véritables arbustes. Je prenais plaisir à me promener dans une allée solitaire de mangoyers chargés de fruits. Je cherchais à établir une distinction entre le dattier et le cocotier, dont le

port et le feuillage ont beaucoup de ressemblance. Je remarquai des lataniers, des calebas-
siers, l'arbre qui fournit des pois, des tamarins,
des haies de citronniers, des orangers, et la
pomme à haies, qui recouvrait un berceau ombragé par des cocotiers. Cette fleur brille par
ses couleurs variées et délicates. Que n'ai-je pu
rapporter dans ma patrie toutes celles que j'ai
admirées ! c'eût été une collection précieuse :
mais, à peine séparées de leurs tiges, elles
perdaient leurs belles nuances ; je me conten-
tais de les contempler sur pied, ne voulant pas
détruire, en les cueillant, un aussi beau tableau
pour une aussi courte jouissance. Le voyageur
qui parcourt ces pays lointains ne peut faire
partager son enthousiasme à ses compatriotes
que par ses faibles récits. Dans le nouveau
monde, le naturaliste exploite une mine d'or.

Je vis une grande quantité de terrains couvert
de l'herbe de Guinée : c'est un fort mauvais
fourrage qui tient du roseau, qui doit écorcher
la bouche des animaux et contribuer à leur maigreur. Le pays craint les innovations ; on est
jaloux des étrangers ; on fait peu, on ne veut
point laisser faire. Je ne voudrais pas être un an
à Haïti sans opérer des améliorations dans la
culture. Quoique étranger, on peut acquérir
des terres sous des noms haïtiens, et à très-bon

compte : elles ne valent souvent que le prix légal de l'arpentage; l'essentiel serait de choisir une position voisine des débouchés et dans un vallon fertile.

J'aperçus dans l'habitation d'un des secrétaires d'état une espèce d'araire sans avant-train, et n'ayant que sa perche, ses manches et ses ceps. On ne pouvait qu'opérer un très-mauvais labour avec cette charrue; il faut une oreille pour retourner la terre, et celle du pays est en général meuble et douce. Quel avantage les Haïtiens ne retireraient-ils pas de cet instrument aratoire? Il économiserait les bras, et étendrait les cultures. Il est étonnant qu'ils n'aient point encore essayé de s'en servir.

Il y a beaucoup de trésors enfouis à Saint-Domingue; le hasard peut seul les faire découvrir, Toussaint-Louverture ayant fait fusiller les noirs qui enterrèrent les siens. Naguère deux individus sont venus de France, annonçant qu'ils savaient où ces monceaux d'or étaient cachés; mais, jusqu'à présent, ils ne les ont pas trouvé.

Je visitai une maison de santé établie par des médecins français. Elle ne prospérait point, quoique bien tenue; un jardin était destiné aux convalescents. Nous ne trouvâmes qu'un malade; c'était un créole, ancien professeur de mathématiques au lycée, et que l'on traitait pour la folie. Son regard sombre, son silence morne, sa nudité, sa position accroupie, sa maigreur, ne pouvaient qu'inspirer la tristesse. Nous nous éloignâmes à la hâte de cet insensé, qui n'avait pas l'air de nous apercevoir.

La population de Port-au-Prince est évaluée à quinze mille âmes, celle de l'île entière à cinq cent mille; mais je la crois bien plus forte.

Je fus à la Croix-Bossale, l'un des quartiers du port où arrivaient les esclaves d'Afrique; c'était là qu'on leur administrait le baptême. J'y vis encore des négresses et des noirs d'un âge fort avancé, natifs du Congo.

En contemplant le rivage, je m'imagine assister au débarquement de Colomb, que l'on a chargé de fers par ordre du gouverneur de Saint-Domingue. Mon cœur se soulève à l'idée de cet indigne espagnol, qui triomphe en entendant le bruit des chaînes de son rival, et lorsque, avec une pitié ironique, il veut les faire tomber avant que le navire fasse voile pour l'Espagne, Colomb s'y refuse, voulant les présenter à son souverain comme un monument dont le monde paie les services.

Je sentis mon cœur de Français et d'ancien militaire tressaillir en entendant commander les manœuvres en Français : les soldats ont une bonne tenue, l'attitude guerrière, et marchent avec ordre ; mais, comme les plus jolies femmes qu'on rencontre dans les rues, ils sont fort mal chaussés. Les cavaliers ne le sont pas mieux : ils ont à peine des bottes, et ne connaissent pas l'usage des sous-pieds. Ils peuvent être bons écuyers, ou du moins solides sur leurs étriers, mais ils s'y tiennent de fort mauvaise grâce, et manient leurs chevaux de manière à leur perdre la bouche. La cavalerie est mal montée, mais les chevaux, quoique maigres et de chétive apparence, sont habitués à la fatigue : on les nourrit avec l'herbe de Guinée. L'habillement des troupes à cheval est rouge et peu convenable pour la chaleur[1].

Je m'étonne que le président ne fasse pas souvent exercer les troupes au tir, pour rendre le coup d'œil du soldat juste. Si jamais cette république avait la guerre, elle ne devrait point songer à se défendre en plaine : des détachements disséminés dans les mornes et dans les taillis auraient bientôt détruit la plus belle armée, qui ne pourrait lutter contre les indigènes et

---

[1]. L'équitation est une science difficile à acquérir ; il faut au moins deux ans de manége pour faire un cavalier passable. Sous Napoléon, les guerres étaient si fréquentes que les conscrits, avant de partir pour les escadrons de guerre, avaient à peine le temps de pouvoir être solides à cheval. Une fois en campagne, ils devenaient cavaliers malgré eux ; mais cavaliers sans principes.

contre un climat qui en tuerait bien plus que les balles.

Les officiers, avec des tenues très-riches, sont aussi fort mal équipés ; j'en ai vu un avec l'épaulette d'or et un uniforme de hussard. Le luxe des costumes est porté très-haut : on m'a montré un tambour-major dont l'habillement valait cinq cents gourdes ; j'aurais mieux aimé que cinq cents soldats eussent eu des souliers.

Le président Boyer ne tardera pas sans doute à opérer ces petites réformes ; elles compléteront la belle tenue de sa garde et des troupes qui doivent faire la gloire de son pays.

Le hasard m'a fait assister à un divertissement africain, nommé bamboula. On dansait au son d'un espèce de tambourin dont la mesure précipitée animait les chants multipliés des spectateurs. Les pas étaient vifs et cadencés. Les noirs faisaient passer les négresses sous leurs bras, comme dans l'allemande. Cette danse, me dit-on, était moitié française ; il en est qui sont tout à fait africaines. Ce spectacle me fit éprouver de bizarres sensations : je m'imaginais être en Afrique, à quelque fête de potentats noirs, au milieu de peuples encore barbares. Je me retirai, craignant que ma curiosité prolongée ne fût mal interprétée.

Les négresses sont généralement bien faites

et d'une physionomie agréable ; leurs dents, d'une blancheur éblouissante, forment un contraste frappant avec leur couleur. Les femmes créoles ont beaucoup de charme ; leur mise est élégante : elles portent des madras ou des mouchoirs brodés ; quelques-unes mettent dessus leurs madras de grands chapeaux blancs ; d'autres se servent d'ombrelles à franges et se passent de chapeaux. Comment se fait-il que, dans un pays aussi chaud, où les rayons d'un soleil brûlant planent sur la tête, elles ne fassent point usage de chapeaux de paille ? L'habitude est une terrible chose.

Elles marchent toutes avec un peu de raideur et de fierté ; mais, créoles ou négresses, vêtues des plus belles robes, elles se montrent souvent les pieds nus ou chaussés de mauvaises savates : cette vue détruit tout le charme que leurs formes inspirent. Leur langage créole est tendre et nonchalant : on dit que leur vertu est comme leur langage ; mais la prudence doit retenir les étrangers, qui ont assez à lutter contre le climat.

Les Haïtiens ont des formes polies, des manières affectueuses et hospitalières ; ils possèdent des connaissances étendues, et leur conversation annonce un jugement sain et les heureux résultats de l'instruction. La jeunesse s'éclaire ; elle n'ignore rien de ce qui l'intéresse, et connaît aussi bien son histoire que la nôtre. J'ai vu avec plaisir que tous les Haïtiens me donnaient des marques d'affection en apprenant mon nom.

J'avais offert au président Boyer un cachet sur lequel était gravée l'image d'un nègre enchaîné et à genoux, avec cette devise : « Ne suis-je pas un homme et ton frère. » A l'époque où mon père s'était signalé par tant de travaux et de dévouement pour la cause des noirs, ce cachet lui avait été envoyé par les hommes de couleur de Saint-Domingue, en témoignage d'estime et de reconnaissance. Il n'avait de valeur que par le souvenir qu'il rappelait.

Je ne recevais point de réponse à la lettre que j'avais écrite à son excellence, je savais qu'il était difficile d'avoir audience, à cause des événements qui venaient de se passer. Un peintre français, qui travaillait au palais, me dit qu'on parlait d'un intrigant nouvellement débarqué qui avait écrit au président, et qui se disait le fils d'un homme marquant. La médisance est toujours prête à distiller ses poisons. Pour couper court à ces calomnies, on m'engagea à voir l'une des sœurs du président, mademoiselle Bone, dont le nom justifie son désir constant d'obliger. Je lui exposai ma position; elle me promit que le lendemain je verrais son frère. En effet, un de ses neveux, remplissant auprès de lui les fonctions d'aide-de-camp, vint à cheval m'apprendre que son excellence était sensible au don que je lui avais fait, et qu'il me recevrait le lendemain à sept heures du matin. C'était un dimanche, jour de revue, je redoutais cet appareil militaire, l'œil curieux des officiers généraux ; le malheur rend timide ; mais je surmontai bientôt mon émotion.

Je me dirigeai vers le palais du gouvernement, vêtu de l'habit noir parisien et du chapeau de paille mexicain. Un poste gardait la grille ; un détachement de cavalerie de la garde haïtienne était à cheval dans la cour ; les troupes et la musique se rendaient dans la plaine pour passer la revue ; on n'entendait que le bruit des fanfares et de la musique. Une multitude d'officiers généraux garnissant la galerie, il fallut essuyer leurs regards scrutateurs et leurs chuchotements : un Européen en chapeau de paille aller voir le président ! Il paraît que là aussi il y avait déjà manque d'étiquette et quelque chose de fort étonnant.

Je me reposai sur un sofa dans une première salle. Le prévenant aide-de-camp m'annonça à Son Excellence. Je passai dans un autre salon, magnifiquement décoré, où les trophées des haïtiens et les portraits de leurs généraux étaient

peints sur les lambris. Le président était en tenue d'officier supérieur ; son maintien était
noble, sa marche assurée, son regard bienveil-
lant. Il me reçut avec bonté, me fit asseoir, et
nous causâmes de souvenirs chers à mon cœur,
de mon malheureux et vertueux père, de ses
amis, de ceux qui lui avaient survécu, de ceux
que Son Excellence avait connus. Il me demanda
si ma mère existait encore. Nous parlâmes de
M. Genet, l'ami de mon père, qui avait été consul aux États-Unis. Lorsqu'il sut que j'avais été
officier de cavalerie sous Napoléon, il me demanda si j'avais été à Waterloo.

Il prit part à mes malheurs, contribua à
les alléger, et me témoigna le désir et la satisfaction qu'il éprouverait à me voir remplir les
fonctions de consul français auprès de lui :
j'eus quelque temps cette espérance. . . . . . .
. . . .
. . . .
. . . .

Les fanfares m'annonçant que les troupes
étaient sous les armes, et qu'on attendait le président pour passer la revue, je le quittai confus
de sa réception bienveillante, pénétré des marques de son estime ; je saluai les officiers généraux et traversai la cour du palais national,
agréablement distrait par la musique et par les

douces idées de cette entrevue. Alors on formait les vœux les plus sincères de me voir bientôt représenter mon pays dans cette colonie où le fils de Brissot devait trouver quelque sympathie, et où mon tuteur et mon père adoptif, après le 31 octobre 1793, avait été ambassadeur de la république ; mais, malgré de puissantes sollicitations, je n'ai obtenu du ministère des affaires étrangères que des phrases banales.

Le lendemain, l'aide-de-camp vint, à cheval, me remettre un paquet de la part du président : je l'ouvris, et j'y trouvai deux cents gourdes. Je n'eus pas de peine à lui témoigner ma vive reconnaissance. Ces allées et venues de l'aide-de-camp du président à notre habitation mettaient tout le voisinage en émoi ; on se livrait à mille conjectures sur le Français nouvellement débarqué ; mais cette fois je n'étais plus un intrigant.

Les journaux de Port-au-Prince annoncèrent la mort du fils de Marmontel, à New-York ; les Français lui rendirent les derniers honneurs. Cette perte m'affligea en songeant à sa femme. Son départ précipité du Guazacoalcos, pour aller habiter un climat sain, n'avait pu le soustraire au trépas, tant l'influence funeste de celui du Mexique avait altéré sa santé.

Nous fûmes à cheval parcourir la campagne, et passer la journée à la Croix des Bouquets, dont le nom a fait époque dans l'histoire de Saint-Domingue. Je passai devant l'habitation de plaisance du président; l'on me montra la place où mourut le cruel Dessaline.

Je visitai la guildive de tafia de mon ami Jacquemont : cet établissement lui a coûté beaucoup, mais son rapport l'en dédommage amplement; il peut, je crois, distiller en un jour huit barriques de liqueur. D'assez bonnes terres entourent l'habitation; mais point de culture, toujours l'herbe de Guinée : la routine est un bien funeste guide.

On a établi dans quelques habitations des distilleries de rhum et de tafia, et ces guildives ont parfaitement réussi : on a aussi l'intention de monter une tannerie en grand. Ces entreprises, effectuées par des étrangers, portent ombrage aux Haïtiens, et sont souvent la cause de vives réclamations auprès du président, qui leur répond : « Êtes-vous en état d'opérer ces établissements? — Non. — Eh bien! laissez faire, laissez travailler à la propagation des lumières, à l'accroissement du commerce. »

Des taillis de jeunes bois de Campêche, des terres généralement bonnes et meubles, mais en friche, attestaient le défaut de culture et l'apathie des noirs. L'œil n'est point ici découragé comme à l'aspect des imposantes forêts du Mexique; l'esprit est frappé d'une seule idée : comment laisser sans rapport un pays aussi fertile qui produisait à la métropole, lorsque cette colonie était française, de si riches denrées coloniales ? Un seul remède se présente pour guérir la plaie qui mine cette république : accordez des primes aux arts, aux sciences, à l'agriculture; infligez des peines à l'oisiveté, créez des plantations modèles, des guildives, à l'instar des fermes modèles de France : peu à peu les noirs se familiariseront avec le travail, et l'appât du gain et d'échanges précieux fera bientôt d'eux des hommes utiles et actifs. La république d'Haïti deviendra florissante; mais il ne faut pas interdire aux étrangers la faculté de cultiver, de s'établir dans l'intérieur ou sur le littoral, dans des comptoirs; une émulation bienfaisante naîtra d'une sage concurrence entre les naturels et les étrangers. En autorisant la méfiance et la jalousie contre les blancs industrieux, on fait de cette île une vaste et triste jachère, et sa ruine viendra d'un vice qualifié patriotisme, et qui n'a enfanté jusqu'à ce jour qu'une inaction générale. Le président a trop d'expérience, des idées trop généreuses, pour ne pas sentir la nécessité de rapporter une loi qui, loin de relever

Saint-Domingue, tend à détruire chaque jour sa prospérité.

La Croix-des-Bouquets, entourée d'un côté par une chaîne de montagnes, offre un aspect des plus tristes. Une terre pierreuse, des maisons en bois, une église gothique, une grande cloche pour appeler les fidèles à la prière, une pierre funèbre que le temps avait peu respectée, furent les seuls objets qui frappèrent mes regards. Malgré la monotonie de l'endroit, nous fîmes un bon déjeûner à deux gourdes par tête, et bûmes d'excellent vin de Bordeaux. Un mauvais billard nous aida à passer le temps : ce délassement est connu dans toute l'Amérique.

J'assistai à une fête donnée en l'honneur de l'agriculture. Les troupes étaient sous les armes, les officiers en grande tenue ; le canon faisait trembler les maisons de Port-au-Prince. Après un discours prononcé par le président, sur un échafaud établi près du tombeau de Pétion, on couronne les cultivateurs désignés avant la cérémonie. Elle se termine par une station du cortége à l'église. Autrefois on donnait un grand repas aux agriculteurs ; mais on a trouvé, je crois, cet usage trop dispendieux. Puissent de pareilles fêtes donner aux Haïtiens des idées d'agriculture dont ils pourraient tirer si grand profit !

Mon hôte était un jeune professeur très-instruit qui était venu à Saint-Domingue sous les auspices de l'abbé Grégoire. Il était marié, à la mode des îles, avec une jolie créole qui lui avait donné de charmants enfants. Je ne pourrai jamais reconnaître toutes les attentions délicates qu'ils eurent pour moi. Mon perroquet seul garde rancune aux enfants qui le firent souvent enrager. Ce professeur réunissait fréquemment des Haïtiens distingués, entre autres un juge de Port-au-Prince. Je me plaisais à causer avec lui, en vidant la bouteille de bière, plus chère dans ce pays que le Madère et le rhum. Voyant mon goût pour l'agriculture, il m'engageait à demander au président l'une de ses plantations, m'assurant qu'il m'accorderait toutes facilités pour l'exploitation : je n'ai jamais osé prendre l'initiative.

CHAPITRE XIX.

C'était le 2 mai, à dix heures du soir : après avoir brûlé, avec mes compatriotes, le punch d'adieu, je montai à bord de la *Dîme*, goëlette américaine venant de Vilmington et allant à New-York. Un souper délicat nous attendait à bord : l'armateur y assista, et ne nous quitta qu'après qu'on eut appareillé. Encore une terre étrangère à fouler avant de poser le pied sur celle de ma patrie !

Nous avions fait une ample provision d'ananas, que nous avions suspendus à la toiture de la chambre ; aussi en mangeâmes-nous pendant presque toute la traversée. Ce fruit est délicieux avec du sucre, du tafia ou du rhum, qui corrigent sa crudité. J'aimais beaucoup aussi les salaisons de cerf et d'élan [1].

En deux jours nous doublâmes le cap Nicolas Mole et le cap Maize ; ce détroit est mauvais, et si les vents n'eussent pas été favorables, il eût fallu remonter Cuba, et enfiler le redoutable détroit de Bahama.

Nous passons entre les îles Caycos et le cap Hénéaga ; à deux heures de la nuit, craignant les récifs, et nous sachant près de l'île Fortune, nous virons de bord, jusqu'au jour. Nous laissons à gauche le grand banc de Bahama ; les vents sont constamment sud-est devant les îles Bahama.

[1]. Il n'y avait point sur ce bâtiment de cabinets indispensables sur l'arrière ; aussi fallait-il se placer à bâbord ou à tribord, et souvent une lame arrivait dans le pantalon ; ce qui faisait rire le capitaine et les matelots. Un jeune Américain et moi nous attendions, par modestie, ordinairement la brune, et la mer, étant presque toujours houleuse, nous donnait de l'occupation. Des hommes peuvent à la rigueur s'accommoder d'un tel bâtiment. Cependant le capitaine m'assura avoir eu de jolies passagères. Comment faisaient alors nos susceptibles Américaines ? « Et le *chamber pot*, » me dit en souriant le capitaine : cela devait être fort commode pour ces dames.

Nous arrivons aux récifs dangereux de Mata-
nilla, et à l'endroit où se jette le golfe du Mexique dans l'Océan, devant le cap Carneval et la
Floride de l'est. Parvenus à la hauteur de la
Caroline du nord, devant le cap Hattéras, nous
sommes assaillis, pendant deux jours, par une
effroyable tempête.

Des oiseaux avant-coureurs des orages, un
vent dont les sifflements font frémir les cordages
et les cœurs, une mer furieuse, blanche d'écume,
qui, tour-à-tour, présente le tableau de montagnes d'eau de la hauteur de nos mâts, ou un
gouffre où plonge avec rapidité la proue du
navire, tout semble annoncer notre dernière
heure. L'idée du golfe du Mexique augmente
nos tristes pressentiments. Les voiles sont pliées;
une seule, prise de trois riz, reste au mât d'arrière pour être le jouet des vents furieux; le
gouvernail est abandonné aux flots et attaché à
l'un des bords du navire; cette mer horrible
est notre pilote; toute manœuvre devient impossible, il faut se reposer sur la Providence;
nous sommes à la cape.

Nos repas se prennent en silence; l'effroi
est répandu sur tous les visages; les secousses
du bâtiment battu par les flots se répètent sur
sa proue. La chaloupe est constamment en-
levée par la mer, qui entre par dessus les deux

bords de l'avant ; le pont est couvert de deux pieds d'eau ; les animaux partagent l'effroi général, et veulent éviter la mort ; le cochon se réfugie sur l'arrière avec nous ; le coq dort, ses poules l'entourent ; mais elles sont souffrantes. J'envie le sort des hirondelles de mer, qui, voltigeant derrière le navire, semblent seules ne point s'apercevoir du mauvais temps. Placé sur l'arrière, couché près des tonneaux, j'examine avec un calme sombre la tempête et le soleil qui dore l'horizon.

Je vais encore être trompé dans mes espérances ; je croyais bientôt revoir ma patrie, et il faut mourir ; mon corps n'aura point de sépulture ; je serai la pâture des poissons. Une effroyable lame d'eau enlève les matelots occupés sur l'avant à resserrer les cordages du grand mât ; ils restent suspendus aux drisses. La furie de la mer redouble ; le bâtiment s'enfonce à moitié ; il se relève lentement ; c'en est fait, nous allons couler.... Une larme vient mouiller ma paupière, non à l'aspect de la mort, mais à l'idée qu'il faut dire un éternel adieu à ma famille, à laquelle je viens d'annoncer mon retour.

Le capitaine, malgré le temps, a fait une sieste : le marin est tellement familiarisé avec la mort, qu'il s'endort dans ses bras. Il se réveille, et, lorsqu'il arrive sur l'arrière, ses regards, son attitude immobiles, semblent dire : « Que la volonté du ciel soit faite ! » Il murmure plusieurs fois en anglais : «Mauvaise mer, il n'y manque pas de logement; de ma vie je ne l'ai vue si terrible; elle vient se briser de tous côtés contre le bâtiment. » Phrases très-rassurantes pour les passagers. Je n'en fume pas moins mon cigare, attendant avec impatience qu'il plaise aux éléments de s'apaiser.

Un jeune Américain de Wilmington, qui, pour la première fois, s'est aventuré sur mer, me dit fort sérieusement : « Je n'aime pas cela; » et moi de rire, malgré la position critique. Ses parents l'avaient confié au capitaine pour lui faire voir un peu de pays. Je crois qu'il aura été satisfait de son premier voyage, car je jugeai à ses traits, pendant la tempête, que si jamais il arrivait à terre, on ne le reprendrait pas de sitôt sur l'Océan. Son caractère calme, type des Américains, avait souvent à essuyer les plaisanteries du gai Français. Il redoutait les scorpions et les carcalets[1], et il n'était pas plutôt couché dans sa cabine, que je lui criais : « En voilà, en voilà ! » Il sautait à bas de son lit. Il prit enfin le parti,

---

1. Ce sont de gros insectes à enveloppes dures, qui sont fort communs à bord, et qui, pendant votre sommeil, vous rongent jusqu'aux ongles des pieds et des mains.

après l'apparition d'un véritable scorpion, d'é-
tablir son hamac au milieu de la chambre.

Le second jour de la tempête je n'étais point
encore sorti de la chambre ; j'entendais les vagues se briser contre la coque du bâtiment, et
mon âme frémissait à chaque lame. Le capitaine
arrive, sa figure est pâle et son air découragé; je
veux m'efforcer de sourire. « Venez, venez, me
dit-il, et vous m'en direz des nouvelles. » Il prend
alors sa canevette [1]; j'ouvre la mienne, et nous
versons le rhum, le Madère et le Gien : « Autant
les boire, me dit avec ironie le capitaine, que de
les donner à la mer. Mais que ces liqueurs soient
dans les flacons ou dans le coffre humain, elles
y retourneront toujours, si nous devons périr. »
Je montai sur le pont, et le tableau de cette mer
furieuse m'ôta l'envie de rire. Notre triste position me rappela ce que m'avait dit le capitaine
Maugendre : « Ne désirez jamais une tempête. »
Je souriais en voyant le maître occupé à grais-
ser ses bottes : cette précaution n'annonçant
nullement l'intention d'aller se promener dans
l'autre monde : « Bon, disais-je, il paraît qu'il ne
croit pas encore mourir aujourd'hui. » Le cook [2],
tout entier à son office, reste peu sur le pont, et,

1. Espèce de boîte où l'on met les verres et les liqueurs.

2. On appelle ainsi en anglais le cuisinier.

sans regarder la mer, redescend bien vite dans la chambre. Sa figure pâle et ovale, ses cheveux noirs, ses gros favoris, son regard sombre, sa tête qui est enveloppée d'un mouchoir sale en guise de turban, son pantalon goudronné, et la pompe qu'il tient à la main pour puiser de l'eau, semblaient représenter un émissaire du roi des enfers. Il se donne bien du mal, pensai-je, et peut-être, ce soir, souperons-nous chez Pluton.

L'approche de la nuit redouble nos terreurs; enfin, après deux jours d'anxiété, placés entre la vie et la mort, sur le soir l'horizon devint horriblement noir. Le capitaine nous prédit ou notre dernière heure ou notre salut : une bourrasque, suivie d'une forte pluie, calme un peu la tempête. Les voiles sont hissées, le pilote reprend le gouvernail, et, malgré la mer agitée, dirigeant avec adresse le navire au milieu des montagnes d'eau, il fend l'onde avec rapidité.

Pendant plusieurs jours, les vents sont calmes et contraires, et nous poussent vers la terre; des brouillards et un froid extrême nous annoncent l'approche du nord; habitué depuis un an à une température de 30 à 36 degrés de chaleur, j'y fus très-sensible. Mes habits de drap étant renfermés dans une malle placée à l'entre-pont, je n'avais pour me réchauffer que mon cigare et une mince écossaise; mais je devais me préparer au froid rigoureux que l'on éprouve devant lè banc de Terre-Neuve, le parage de la neige et de la glace.

Pendant cette tempête, je vis souvent les figures changer de couleur. L'homme le plus intrépide ne peut envisager la mort sans éprouver un mouvement d'effroi involontaire. Tout récemment, le capitaine avait perdu un brick, par un pareil temps et dans le même endroit. Il fut attaché cinq jours, ainsi que ses matelots, au haut des mâts ; il vécut, pour ainsi dire, de l'air de la tempête, contemplant du haut des huniers les abîmes prêts, à chaque instant, à l'engloutir. Un paquebot passa par bonheur, et le recueillit avec les siens : son bâtiment coula peu après.

Cette anecdote augmenta mes craintes : je vis que le capitaine n'était pas né sous une heureuse étoile; il me tardait d'arriver à New-York. Il connaissait son état, mais il aimait à boire et à dormir; et lorsque son quart venait, il le faisait assez ordinairement dans son lit, s'en fiant à ses matelots, qui pouvaient en un instant faire chavirer le navire. Le second, qui savait à quoi s'en tenir, faisait beaucoup de bruit pour l'amener à quitter son lit; mais le mot d'ordre était donné : on faisait prendre un verre de tafia au matelot, et le capitaine s'abandonnait au sommeil.

Cette malheureuse habitude, chez les Américains et chez les Anglais, est la cause de beaucoup de sinistres. Alors j'endossais l'écossaise, et j'allais fumer mon cigare près du timonier, faisant le quart du capitaine.

Dans une bourrasque, le capitaine n'ayant que quatre matelots et le maître, me confia le gouvernail : quelle responsabilité pour un marin tel que moi ! Mais j'avais dirigé mon canot sur le Guazacoalcos, au milieu des courants et des crocodiles, et je pouvais conduire un navire, avec de l'attention et un peu d'assurance. Ce qu'on peut reprocher aux Anglais et aux Américains, c'est de laisser toujours trop de voiles pendant les mauvais temps.

Un tonneau de farine flottant sur la mer nous fit penser que quelque navire avait été plus malheureux que le nôtre, et qu'il s'était perdu pendant cette tempête.

Contre l'ordinaire des capitaines, qui ne veulent jamais montrer leur point, celui-ci était rempli de bontés pour moi : nous parcourions ensemble la route avec le compas, et, à midi, nous prenions la hauteur du soleil. Il cherchait à m'expliquer ses calculs. Aussi me disait-il souvent : « Ah ! quand vous serez à bord du *Paquet*, vous regretterez la *Dîme* et le capitaine Lubeck. » Il avait raison : il était si bon et si gé-

géreux! Il m'avait pris en amitié; aussi je lui témoignai le plaisir que j'aurais à le recevoir, à mon tour, s'il venait en France. Il avait cette simplicité, ce calme et cet air d'affabilité qui caractérisent en général les Américains.

Enfin un vent favorable nous poussa rapidement, et nous fit faire en deux jours plus de cent lieues. Nous doublâmes le cap Saint-Charles, la baie Delaware, et, le 20 mai, à huit heures du soir, après avoir rencontré une infinité de navires, nous aperçûmes les phares de Sandy-Hook. Nous hissâmes une lanterne au haut de notre grand mât, de peur d'aborder quelque bâtiment, et, peu après, un pilote vint à notre bord : ils sont en grand nombre, et ce service, aux États-Unis, se fait avec beaucoup d'ordre. Après avoir passé devant les divers phares, nous jetâmes l'ancre, à une heure de nuit, près de Sandy-Hook.

CHAPITRE XX.

A mon réveil je fus agréablement surpris par le coup d'œil enchanteur des deux rives de la baie d'York. Ce n'était plus l'aspect des pays que je venais de parcourir : je me croyais transporté en Angleterre; des maisons d'une élégance moderne, une campagne verte et cultivée, des jardins à l'anglaise, une infinité de

peupliers, me rappelaient des sites pittoresques.
Plus d'orangers, de limoniers, de palmiers; tout
annonçait les fruits du commerce, de l'instruction, des bonnes institutions et de la liberté.

Un docteur vint à bord pour s'assurer de
notre santé; il nous donna le laissez-passer.
Quand arrive le mois de juin on vous force souvent à faire la quarantaine; il y a un bel hôpital
sur le littoral. Ce docteur, par distraction, mit
dans sa poche un mouchoir que j'avais laissé sur
le banc de la chambre.

Les étrangers, les passagers et les matelots
payent environ deux gourdes, *to the custom-
house,* pour avoir le droit de voir New-York :
ce revenu est considérable pour la ville. La
douane est assez tracassière : on place à bord de
chaque navire un douanier. Le nôtre était un
fort brave homme, malgré son état.

Les formalités sont extrêmement multipliées; on ne demande pas de passe-ports, mais
chaque navire qui arrive est mis dans les journaux avec le nom du capitaine, ceux des passagers et le genre de chargement.

Le capitaine, qui m'avait pris en si grande amitié, que ma présence était comme un besoin
pour lui, était allé passer quelques jours avec sa
femme, qu'il n'avait pas vue depuis son naufrage.

Le douanier avait un fils, très-bon jeune homme qui se lia avec moi. Pendant ma traversée, j'étais devenu presque Anglais, ne m'exprimant qu'en cette langue que j'ai apprise dès mon enfance. Il se plaisait à me montrer les curiosités de la ville et des environs; grâce à sa connaissance, je fis celle de plusieurs Américaines qui allaient chez lui, et que nous accompagnâmes quelquefois.

Après avoir remonté la baie d'York, dont les bords offrent la plus riante perspective; après avoir passé sous le canon de plusieurs forts, nous jetâmes l'ancre, à dix heures du matin, dans la rivière d'est devant New-York. Une multitude de navires pavoisés, sur lesquels on avait hissé les pavillons de diverses nations, encombraient le port; une forêt de mâts, des bâtiments amarrés dans des canaux pratiqués jusque dans les rues, offraient un coup d'œil animé. Je ne vis pas un seul navire français!.. nouveau désappointement pour moi; mais il était dit que mon voyage serait une épreuve continuelle de patience et de courage.

Je posai avec tristesse le pied sur le sol de New-York, première ville de commerce des États-Unis : deux fois mon frère cadet l'avait habitée, et la seconde, la mort l'avait enlevé, à Albany, à l'âge de trente-trois ans. Un pressentiment secret me disait que je ne mourrais pas sans voir le nouveau monde, mais je ne pensais point visiter les villes où j'avais perdu mes frères si jeunes.

Le capitaine me garda à son bord, pendant mon séjour à New-York, et m'offrit sa table, afin de ménager ma bourse. M'ayant manifesté plusieurs fois le désir de posséder le seul hamac mexicain que j'avais acheté à Campêche, je ne pus me dispenser de lui être agréable.

La plupart des maisons de New-York sont construites en briques rouges, et couvertes en ardoises; quelques-unes sont bâties en granit. Les fenêtres ont des persiennes vertes, mais point de balcons; les portes d'entrée sont à colonnes : on y arrive à l'aide de belles rampes et de quelques marches. Ces habitations sont très-élégantes.

Broad-way est la rue principale; elle a trois milles et demi de long. Il existe des trottoirs partout, mais les rues sont mal pavées et souvent boueuses, car le climat est très-variable : vous aurez à midi les chaleurs du tropique, et le soir ou le matin une fraîcheur extrême, de la pluie ou du brouillard. Aussi attrapai-je plusieurs gros rhumes, tandis qu'au Mexique mon cerveau était desséché. Les rues sont généralement très-longues. La ville couvre un rayon d'une vaste étendue, et l'on s'y perd facilement. Les étrangers devraient avoir constamment une boussole dans leur poche, pour ne point s'égarer et ne jamais perdre la direction de la rivière d'York.

On voit peu de voitures bourgeoises, comme à la Jamaïque; mais, en revanche, il y a des fiacres élégants qui, moyennant une certaine rétribution, vous transportent où vous désirez : quelques-uns portent le nom d'*omnibus*. Des cabrouets traînés par d'excellents chevaux, sont destinés à opérer les déchargements des navires. Il faut prêter une très-grande attention lorsque l'on traverse les rues : c'est un second Paris : on vous crie de prendre garde, quand la roue ou le cheval sont presque sur vous.

Les *steam-boats* [1] vous conduisent dans les endroits circonvoisins, et traversent jour et nuit la rivière; il y a des restaurants sur ces bateaux à vapeur. Le brillant tilbury se trouve souvent à côté du cabrouet de la campagne, et la jolie Américaine de la ville près de la simple villageoise pleine de fraîcheur et de santé; c'est une allée et venue continuelle. La nuit, la force du feu projetait sur la rivière une traînée d'étincelles qui faisaient l'effet de pétards ou de fusées retombant dans l'eau.

1. Batteaux à vapeur.

La vue se repose agréablement sur la verdure des arbres qui bordent les trottoirs, et sur les places entourées de balustrades, que couvre un riant et vert gazon. A l'aspect de quelques belles rues, de brillantes boutiques, et à l'affluence des promeneurs, je me croyais sur les boulevards de la Chaussée d'Antin.

Les magasins destinés au commerce longent le port, qui offre le tableau d'un mouvement perpétuel de figures commerçantes ou de nouveaux débarqués. Les chantiers de construction pour les navires sont situés dans les faubourgs; ils présentent une grande activité.

Les tavernes sont nombreuses, mais on boit généralement sur le comptoir; les liquides, la bière ou le cidre, tout est servi à la glace, et le marchand remplit les verres à l'aide de petites pompes en cuivre. Je visitai d'élégants cafés où tous les goûts pouvaient se satisfaire, à la vue d'un amphithéâtre couvert de beaux fruits, de sucreries, de pâtisseries, de liqueurs et de Madère : New-York est un petit Paris s'il ne le surpasse par sa somptuosité et ses commodités de toute espèce.

On voit quelques chapelles d'une architecture gothique. Je m'arrêtais souvent pour entendre les chants religieux; les églises répandaient une vive clarté. Les tombes touchent le temple du Seigneur, l'herbe croît auprès de la pierre funèbre, le saule pleureur ombrage les sépultures.

Les théâtres sont assez fréquentés, mais je n'ai vu aucun monument remarquable.

Les loteries se tirent tous les huit jours; il s'y perd beaucoup d'argent, et s'y gagne d'assez fortes sommes. La loterie n'a point lieu comme en France, les inspirations ne servent à rien : on ne peut prendre les numéros que l'on a dans l'idée, s'ils sont déjà donnés, les billets étant faits à l'avance. Je mis un dollar sur deux numéros; j'avais 32 et 25, 32 et 24 sortirent : une unité de plus..... Système des illusions! peu s'en fallut cependant que je n'aie gagné 10,000 francs : ils seraient venus fort à propos.

Il existe plusieurs marchés[1], dans le genre de ceux de Paris; ils sont ouverts une partie de la nuit et sont fermés le dimanche. Sur les dix heu-

---

[1]. A déjeuner, les Américains prennent cinq à six tasses de café ou de thé.

Le poisson est superbe et peu cher; ou y voit de monstrueux homards et de beaux maquereaux. Les huîtres sont grandes, mais point salées; pour y trouver quelque saveur il faut les épicer. J'allais quelquefois m'en régaler à la taverne, livré à mes souvenirs du Guazacoalcos et à mes espérances. La cuisine américaine m'habitua aux puddings, mets très-agréable quoiqu'un peu lourd.

Les fruits du tropique ne sont pas communs, ils viennent de l'étranger; j'y vis des pommes de France.

res du soir, on y rencontre les plus jolies femmes
de la ville. Singulier rendez-vous pour y trouver les beautés d'un pays !

Là aussi il y a des lieux où l'on achète leurs
faveurs, lieux réprouvés, et qui ne sont pro-
ductifs qu'aux duègnes et aux apothicaires.

Le dimanche, la ville paraît un désert : tout
est fermé, et les rues sont peu fréquentées. Je
ne sais où les habitants passent leur temps, probablement en famille ou au sermon.

Ils aiment beaucoup Napoléon, on voit une
quantité de ses portraits. Joseph Bonaparte est
à Bordentown, sous le nom du comte de Survilliers ; il y fait du bien aux malheureux. On
m'engagea à l'aller visiter ; il accueillait tous
les Français, et principalement les anciens officiers de l'empereur : le peu de jours que j'a-
vais à moi m'empêcha de suivre ce conseil[1].

Je parcourus, chez un libraire, une brochure
sur le Guazacoalcos, rédigée par un colon de
la première expédition ; je n'étais pas le seul qui
dût toucher le sol des États-Unis.

---

1. J'ai depuis retrouvé dans mes papiers une lettre du comte de
Survilliers adressée à mon frère Silvain, lors de son séjour à New-York.

Le président Jakson reste à Washington.

La vie est à bon compte ; le blanchissage est hors de prix, et le
linge est massacré comme dans les autres parties de l'Amérique. On
paie huit schellings la douzaine de pièces, petites ou grosses.

Avec quelque fortune on peut y mener une vie paisible et agréable. Les passions semblent se ressentir du climat : l'ambition ne tourmente pas les esprits, la liberté est le point de mire de l'Américain qui jouit en paix de ses bonnes institutions, et n'aspire qu'à les consolider. Puissent les autres nations prendre exemple sur ce pays !

J'eus beaucoup de peine à obtenir mon passage du consul, qui ne me l'accorda qu'en qualité d'ancien officier. Il paya 150 francs pour la traversée à l'entre-pont. J'achetai pour 100 francs de vivres; c'étaient encore de nouvelles souffrances morales à essuyer, vis-à-vis de la chambre. Il m'offrit la table du capitaine sur un bâtiment marchand allant à Marseille, mais le voyage était de deux mois, et cette ville est à deux cents lieues de Paris. A bord du *Paquet* je n'en avais que pour vingt-cinq jours; je fis taire l'amour-propre.

Le palais est un assez bel édifice; les prisons sont peu distantes. Le Muséum, que je n'ai point eu le temps de visiter, offre un triste aspect : ce qu'il renferme est, m'a-t-on assuré, très-mal empaillé.

L'intérieur de la salle de la Franc-Maçonnerie ressemble à celui d'une église gothique. Cette belle institution est bien dégénérée dans ce pays, et il y a contre elle un fort parti d'opposition. Le consul me conseilla de voir un négociant franc-maçon qui ne put réaliser toutes ses bonnes intentions à mon égard. La plupart des loges étant alors fermées, j'adressai une lettre du général Lafayette à l'un de ses amis résidant à Philadelphie; elle me valut une phrase honorable pour mon père, mais cela ne suffisait pas au pauvre exilé.

La salle des bains est grande, élégante, on y trouve des liqueurs, des vins variés, des fruits étrangers, des sucreries, des pâtisseries, une infinité de journaux, des baignoires en marbre, et tout ce qui est indispensable à la toilette; si le prix est plus élevé qu'en France, on y est aussi mieux traité.

Mon Américain, voulant me procurer une soirée agréable, me proposa d'accompagner au théâtre miss Betzy, jeune veuve de vingt ans, aux yeux bleus et à la chevelure blonde, ajoutant qu'il y mènerait son amie. Nous nous rendîmes à l'habitation de Betzy, qui parut enchantée de l'invitation. Mon partenaire promit de nous rejoindre, mais je ne le revis plus. Ce tête-à-tête fut loin de m'effrayer, et je causai avec ma jolie compagne m'inquiétant peu des acteurs; je parlais assez l'anglais pour être compris.

On donnait *Cagliostro* et une espèce de farce.

La salle était éclairée à l'instar de celles d'Italie.
Le drame se composait de décorations pompeu-
ses, de pluies de feu et de revenants. La petite
pièce excita les éclats de rire par ses peintures
grossières.

Le spectacle finit tard ; j'offris quelques rafraîchissements à miss Betzy, et je la reconduisis
à son logis. Après qu'elle m'eût gracieusement
remercié, je pris congé d'elle. A peine dans
la rue, je m'égarai et ne pus trouver le chemin de la rivière. La nuit était fort avancée ;
je demandai, en anglais, ma route à un Américain, qui me mit, avec complaisance, sur
la voie ; j'aperçus avec joie mon navire à l'ancre :
sans mon complaisant cicerone j'aurais couru le
danger d'être interpellé par quelque watchman.
Je m'enfonçai dans les draps en songeant au
plaisir de la soirée, car miss Betzy était charmante ; mais je lui en voulais un peu de m'avoir
exposé à me perdre dans les rues de New-York,
tandis qu'elle reposait tranquillement près de
ses jolis marmots.

Les pièces de monnaies portent l'effigie de
la Liberté, sans aucun portrait. Le président
n'étant point inamovible, ce n'est qu'en se
consacrant au bonheur du pays, en acquérant
des droits à son amour, qu'il peut se flatter
d'obtenir son suffrage.

Je remarquai, sur les promenades, quelques quakers; le large chapeau des hommes et la forme bizarre de ceux des femmes, me firent reconnaître de suite cette secte[1]. Je n'ai point rencontré de mendiants dans les pays que j'ai parcourus, tandis qu'en France, malgré nos maisons de refuge, on en est assailli. Un Américain, le premier jour de son arrivée à Paris, donnait, me dit-il, à tout venant; mais voyant que les demandes et les figures se renouvelaient sans cesse, il commença à ne plus être aussi généreux[2].

Le samedi, la ville offre un mouvement per-

[1]. Mon père a été affilié, je crois, à celle de Philadelphie.

[2]. Quand ne verra-t-on plus, dans les rues, des mendiants estropiés et rebutants? car, malgré la loi, il s'y en glisse toujours quelques-uns. Le cœur saigne à l'aspect de pauvres mères de famille entourées d'enfants grelottant de froid, tandis que le plus petit cherche souvent un lait que la misère a tari; et lorsque des ouvriers sans travail demandent furtivement, à l'oreille du passant, de quoi acheter un morceau de pain, l'âme se brise en songeant qu'ils peuvent, pressés par le besoin, se livrer à quelque acte désespéré.

Dans chaque département, dans les arrondissements de la capitale, on connaît le nombre des indigents; que le gouvernement demande aux Chambres des capitaux plus considérables pour de nouvelles salles d'asile, ou de plus nombreuses distributions journalières aux indigents et aux ouvriers momentanément sans travail.

Je voudrais qu'il fût créé un impôt sur les fortunes, dont le revenu excéderait 6,000 francs; à quelques exceptions près, l'homme opulent est presque toujours sourd au cri de la misère; il passe rapidement devant son triste spectacle.

pétuel de voitures bourgeoises et de place qui conduisent à la campagne les familles américaines.

Le dimanche, le clergé est très-despote : tout est fermé, et malheur à celui qui a oublié, la veille, d'acheter le nécessaire. Rien n'est ouvert que les tavernes ; à peine s'il est permis de cracher ou de rire.

On compte dans les états de l'Union une multitude de sectes différentes ; leurs cérémonies religieuses doivent piquer la curiosité, surtout lorsque les hommes et les femmes, se sentant inspirés, se mettent à prêcher. On ne peut voir leurs contorsions et leurs gestes sans éprouver un sentiment d'étonnement. Si un étranger se place à côté des dames, on le prie alors, avec le calme américain, de repasser le seuil de la porte du temple.

Sur les huit heures du soir, de jolies Américaines passent sur les promenades, presque toujours sans cavaliers : ces jeunes filles peuvent le disputer aux plus sémillantes grisettes de notre capitale.

Je n'ai point rencontré, à mon grand étonnement, de gendarmes, de militaires, mais seulement quelques gardes nationaux ; aucune personne décorée : heureuse république ! ses nouveaux états sont unis entre eux par un pur fédéralisme, et ses liens cimentés par la concorde et par les diverses branches d'un commerce florissant.

Les ouvriers américains sont extrêmement adroits et industrieux; il leur suffit de voir faire une fois une chose pour qu'ils soient en état de l'imiter. Ils vous reculeront ou avanceront, à l'aide de pilastres et d'arcs-boutants, des églises, des maisons, sans rien abattre. Les Français, ne sachant pas la langue, trouvent peu d'occupation. Les Américains tiennent aux Américains, les Anglais emploient des Anglais [1].

Un Européen ne doit jamais faire la folie de s'expatrier sans connaître la langue du pays où il se rend. Je fus très heureux de savoir l'anglais.

Pendant mon court séjour plusieurs paquebots du Havre débarquèrent des Suisses qui allaient se livrer à la culture des terres, à quatre-vingts lieues de New-York; le gouvernement en ac-

---

[1]. Je voudrais que l'on sévît contre ces spéculateurs méprisables qui ne rougissent pas d'envoyer de pauvres petites créatures implorer l'humanité publique.

Ah! c'est lorsque la population augmente chaque jour, et par conséquent la misère, lorsque les moyens de subsistance deviennent plus difficiles, qu'il faut encourager les émigrations et protéger les colonies naissantes. Sous ce rapport, la proximité d'Alger doit faire de ce pays la terre d'espoir pour la classe pauvre. Le meilleur des gouvernements, suivant moi, est celui où l'on peut compter le moins de malheureux.

corde à une piastre et un quart l'acre, se contente d'un léger à compte et donne huit ans pour payer. C'est un avantage immense offert à l'industrie étrangère agricole qui émigre.

Dans les rues de New-York, à l'instar de l'Angleterre, vous rencontrez la nuit des Watchman qui crient l'heure et veillent à la sûreté publique.

Les plus sages institutions ne peuvent pas toujours prévenir les crimes. On venait de pendre deux fameux pirates dont l'un avait tué plus de quatre cents personnes ; la seule chose qu'il se reprochât, c'était d'avoir immolé sa maîtresse pour s'assurer de sa discrétion. Ils avaient été découverts en cherchant de l'or enfouis par eux loin de la ville.

Un savetier, voulant faire fortune[1], s'avisa de voler une somme considérable à la Banque : ses dépenses extraordinaires firent naître des soupçons, mais il n'y avait point de témoins et l'on présumait qu'il serait acquitté.

Un Français, habitant Cincinnati[2] depuis vingt ans, était devenu propriétaire ; les auto-

---

1. Les tailleurs gagnent prodigieusement. Un perruquier français et un maître de danse firent fortune à New-York.

2. J'ai voyagé avec ce Français, ancien canonnier de marine. Indigné de la conduite qu'on avait tenue à son égard, il laissa sa femme, et se décida à aller mourir dans son village de France.

rités, voulant construire un canal, le dépouillèrent de sa maison et lui donnèrent une indemnité des plus minimes. Cet acte arbitraire ne fait point honneur au pays.

La plupart des Américains portent constamment des vêtements de drap; ils sont affables, complaisants, et paraissent jouir d'une heureuse tranquillité d'esprit; ils fument et boivent beaucoup; à New-York, ils mettent en outre dans leur bouche un excellent tabac de Virginie. Je ne sais si c'est la véritable cause de la noirceur de leurs dents; les femmes sont dans le même cas, tandis que les nègres, les créoles, les Mexicains les ont d'une blancheur remarquable.

On se procure difficilement des domestiques, quoiqu'ils soient bien rétribués; on les garde peu de temps. Ils croiraient déroger à leur titre de citoyen, s'ils s'appelaient serviteurs : aussi prennent-ils la qualification d'aides; ils vous quittent à la moindre fantaisie.

Les Américains ont une douceur de mœurs à admirer et à imiter. Personne ne cherche à se quereller dans les rues; on ne vous regarde pas impertinemment, et l'on ne fait pas de rassemblement pour vous dévaliser[1].

---

1. En Amérique, principalement à Cincinnati, il n'y a point de lieux d'aisance, point de robinets pour l'eau : on dépose les ordures dans les rues, et les cochons les enlèvent.

Ils sont remarquables par leur simplicité, s'occupent peu de leurs femmes, et encore moins de littérature. Dans certains états de l'Union, on a le duel en horreur, dans d'autres on en subit les fatales conséquences.

Il est bien peu de négociants qui n'aient failli; aussi doit-on se garder de prononcer ce mot en société; ils considèrent cet événement comme une suite inévitable des chances que l'on court dans le commerce. En France, le préjugé est poussé à l'extrême, et l'honnête homme qui a éprouvé des revers est souvent assimilé au fripon par le seul fait du mot.

Les Américains ont un goût prononcé pour les spiritueux, quoiqu'il n'aille jamais jusqu'à l'ivresse; mais à chaque instant on les voit fumer et prendre leur verre. Le nombre de pauvres s'élève, par suite, à deux cent mille; mais on commence à établir des sociétés de tempérance.

La milice se réunit, pour les exercices, cinq ou six fois par an; il y a environ un militaire sur onze personnes. Les officiers supérieurs sont, la plupart du temps, nommés par le gouvernement, les autres par leurs compagnies respectives. Pas de distinction, de rubans; chacun est brave, prêt à défendre la patrie, tant l'amour de l'indépendance et du pays sont choses naturelles. Les Américains donnent rarement et reçoivent encore moins, quelle que soit leur position.

Les Américaines sont jolies, blondes; elles ont des traits délicats, mais il est rare qu'elles soient favorisées d'un petit pied; elles sont bien faites. Les marchandes de modes semblent être choisies parmi ce qu'il y a de mieux : la beauté est un bon achalandage. Les New-Yorkoises ont la mise un peu anglaise; elles laissent de côté toutes les inutilités des modes de Paris et de Londres; leurs chapeaux, mobiles sur les bords, les rendent maîtresses de se montrer ou de se cacher en y portant la main. Malheur au curieux qui n'a pas le don de plaire! Les Françaises devraient bien adopter cet usage, au risque de désappointer nos fashionables qui viennent souvent pencher leur tête, avec fatuité, sous leurs énormes chapeaux. Les Américaines préfèrent souvent à cette coiffure des boutons de roses, des branches d'églantine ou des pervenches, dont elles ornent leurs cheveux.

Le clergé est l'objet de toutes leurs attentions; elles semblent lui confier la garde de leurs cœurs ; mais ce n'est cependant point à la mode espagnole, où les sandales du moine sont une interdiction formelle, pour le mari, de troubler l'entretien divin.

Aux sermons, les femmes sont reléguées sur

un côté à part. Les élections, les procès, le commerce, empêchent les Américains d'avoir le temps de s'occuper d'elles.

Les jours du ravivement ou du passage des missionnaires sont des fêtes pour les dames qui ont le bonheur de posséder un révérend père. On convie les amis pour assister à la réunion nocturne. Elles mangent, boivent, prient, chantent, et, s'excitant les unes les autres, finissent par se confesser entre elles : singulière manière d'avouer ses fautes, d'en obtenir l'absolution, en leur donnant une semblable publicité !

Les femmes ont de la franchise, de la modestie et une gracieuse aisance. Les hommes et les femmes se parlent à peine dans ce pays ; il n'y a qu'au bal, pendant les contredanses, qu'on se livre à plus d'abandon. On ne sait point ce que c'est que la galanterie. Les Américains auraient besoin d'en suivre un cours en France, et nos dandys ne feraient pas mal d'aller un peu à l'école de la simplicité américaine, afin de rapprocher les deux extrêmes.

Les Américaines se croiraient perdues si elles appelaient chaque chose par leur nom : elles se servent de périphrases ; leur susceptibilité, sous le rapport de la décence, est poussée à l'extrême : ainsi elles ne diront point une chemise, un corset. Si une demoiselle rencontre un jeune homme sur un escalier, elle se sauve en jetant les hauts cris. Une statue, représentant une paysanne suisse, fut changée parce qu'on voyait ses jambes. Je plains les Américaines qui viennent en France.

Les jeunes ouvrières sont toutes sages et laborieuses; aussi se marient-elles facilement. A peine un gamin est-il aussi haut qu'une balle de coton, qu'il achète une hache, et va cultiver quelque terre de l'ouest; il se choisit une compagne, élève une nichée de marmots qui, à leur tour, auront les mêmes idées d'indépendance : heureux l'homme qui tient dans ses mains tout le secret de son existence!

Mon court séjour à New-York ne me permit point d'aller visiter les prisons. Le mode que le gouvernement de l'Union suit à l'égard des détenus est une innovation heureuse dont les résultats sont précieux pour l'humanité. Il serait à souhaiter que la France adoptât une partie du système pénitentiaire des États-Unis. Je demandai des détails sur plusieurs maisons de détention de ce pays. Celle de Sing-Sing, qui est à trente milles de New-York, devrait être l'objet des méditations de nos légistes et d'un sérieux examen de la part de nos moralistes qui cherchent à rendre les hommes meilleurs et moins malheureux. Chaque prisonnier est isolé à l'heure du repas et pendant la nuit; ils ne peuvent échanger un regard, une parole entre eux; ils ont des ateliers, des surveillants, des chapelains, un aumônier, un vicaire. Cette prison ne coûte rien au gouvernement, et le travail des détenus subvient à toutes les dépenses; ils sont même mieux vêtus et nourris qu'en Europe. Le moral des prisonniers s'améliore; aussi en voit-on peu pour récidive. N'est-ce pas le plus bel éloge à faire de son système pénitentiaire, et ce qui doit nous engager à apporter des modifications dans le nôtre, qui est loin de produire un pareil résultat[1]?

Deux réformes importantes se présentent dans notre législation : la première, c'est de faire cesser ce mélange pernicieux entre prisonniers de toute espèce, entre le criminel et le prévenu. On doit consacrer des prisons particulières aux diverses catégories des délits ou des crimes.

La seconde, c'est d'adopter un mode de surveillance qui interdise tout rapprochement entre

---

1. En France, le criminel qui a subi sa peine, rendu de nouveau à la société, s'en voit, la plupart du temps, repoussé par suite du cachet infamant que la loi rend ineffaçable; on lui refuse de l'ouvrage lorsqu'il voudrait rentrer dans la voie honorable du travail et renoncer au vice; poussé par la faim et le désespoir, il est forcé de s'allier de nouveau à ceux qui méditent le crime. C'est ce fatal préjugé qui fait qu'il existe tant de criminels par récidive. Pourquoi ne pas créer un Botany-Bay; pourquoi ne pas purger la société de ces êtres impurs qui peut-être, loin des leurs, pourraient encore redevenir des hommes honnêtes?

les détenus : les prisonniers se pervertissent les uns les autres.

On devra, dans chaque prison, astreindre les prisonniers au travail; s'ils n'ont point d'état, qu'ils en apprennent un : l'oisiveté est la mère de tous les vices.

Tâchons d'arriver à améliorer le moral des détenus, qui fréquemment sortent plus pervers des prisons que quand ils y sont entrés ; obtenons l'avantage précieux d'avoir des maisons de détention qui ne coûtent rien à l'État. Il appartient aux philanthropes de présenter un nouveau projet de système de réclusion. Le jour où le nôtre changera, on aura bien mérité de l'humanité!

Les fous sont traités avec beaucoup de douceur. On leur expose les causes de leur maladie; aussi en guérit-il au moins quatre-vingts sur cent. En Europe le nombre est bien moins considérable.

Les meilleures institutions des nations présentent toujours quelque anomalie flagrante. Dans les républiques du Mexique, la tolérance religieuse est le type du despotisme de la part du clergé! Après la fameuse déclaration de l'indépendance, les États-Unis devraient-ils maintenir l'esclavage ? peut-on se dire libre et avoir des esclaves ? C'est une contradiction que l'égoïsme

a pu seul sanctionner. Le jour où les Américains, imitant les Anglais, aboliront l'esclavage, ce peuple aura imprimé un nouvel éclat
à ses belles institutions qu'un préjugé enraciné
ternit encore.

Dans le nord les noirs sont affranchis, dans le
sud ils sont esclaves; mais à quoi leur sert leur
affranchissement, si, une fois libres, ces malheureux, parce qu'ils sont noirs, sont évités comme
des bêtes dangereuses, s'ils ne sont aptes à aucune fonction, s'il leur est défendu de s'allier
aux blancs, s'ils ne peuvent prendre la parole, si
leur couleur est un signe de honte? C'est ce fatal
aveuglement qui dernièrement a suscité des ras-
semblements tumultueux et fait couler le sang.
Si les Américains se vantent d'être libres, je leur
répondrai, en leur amenant des noirs enchaînés :
« La liberté ne reconnaît point l'esclavage, et
voici des esclaves. » Les Mexicains, en secouant
le joug espagnol n'ont point fait d'exception à
l'égard d'aucune couleur.

Si, dans une hôtellerie, un noir se met à
table, aussitôt chacun se lève et le fuit comme
une brebis galeuse.

Qu'un blanc épouse une noire, il est montré
au doigt et marqué du sceau de la réproba-
tion.

Quel tableau plus révoltant que ces marchés

de noirs? « Mais , vous diront les Américains , voyez les Anglais , ce peuple si libéral, eh bien! ils vendent leurs femmes, ils les conduisent au marché comme des bêtes de somme! » Ah! sans doute, et c'est encore une horrible anomalie : l'homme n'est point parfait, et ses institutions encore moins.

Souvent, aux ventes des noirs, ces malheureux mettent un certain amour-propre à être adjugés à un prix élevé. Ils connaissent en général tous les planteurs, et, suivant les mises, leurs regards sont plus ou moins inquiets , dans l'espoir ou la crainte d'appartenir aux uns ou aux autres.

On me parla de la prison de Charlestown où il existe un marché de noirs. Les hommes, les femmes et les enfants sont parqués dans la cour en attendant qu'on les vende. Des vêtements, des haillons sont suspendus aux murailles; ils préparent leur repas de blé indien ou de riz : on dirait d'une horde sauvage d'Africains. Les enfants jouent, ne se doutant pas qu'ils sont destinés à vivre et à mourir dans l'esclavage.

Ah! tirons le rideau sur ce triste tableau! soyons persuadés que la voix de l'humanité parviendra bientôt d'un bout du globe à l'autre, et que l'égoïsme et un intérêt mal calculé seront forcés de marcher avec le siècle des améliorations.

Ayant peu de temps à rester aux États-Unis, j'accablais de questions les Français et les Américains avec lesquels je me trouvais. Je voulais scruter un peu leurs institutions, car il est ridicule d'avoir vu une nation marquante sans pouvoir en parler. Il n'y a qu'un homme indifférent qui puisse voyager, en quelque sorte, les yeux fermés, et ne pas étudier les pays qu'il parcourt.

Dans les états de l'Union, les fonctionnaires ne sont jamais députés, ce qui rend les votes indépendants. Cette mesure est extrêmement sage, et le pouvoir exécutif ne peut ainsi être juge et partie. Lorsqu'un membre du sénat ou des représentants a besoin d'explication du gouvernement, on invite tel ou tel chef du département, à fournir les pièces qu'on soumet à une commission, et, sur son rapport, on discute ou l'on passe à l'ordre du jour.

Les fonctionnaires ne sont jamais retraités; on les remercie dès qu'on n'a plus besoin d'eux. Cette loi ne doit point encourager les études législatives, ni les demandes d'emploi public; aussi les Américains se tournent-ils tous vers le commerce qui leur offre au moins une chance d'avenir. Ils visent à la démocratie, qui ne peut convenir à un pays aussi étendu.

Chaque État a le droit de modifier ses lois et

sa constitution particulière; il n'y a que les ré-
glements du commerce, la défense du pays et les
intérêts généraux, qui soient soumis à une admi-
nistration centrale. Les membres du clergé
sont nourris par les fidèles; aussi cherchent-ils
à s'en bien faire venir.

Les juges et les avocats n'ont point de cos-
tume. Cet usage doit leur donner moins d'importance et de considération. Un uniforme fait
souvent sur la multitude autant et quelquefois
plus que la parole.

Les Américains ne respectent rien; cette gé-
nération affairée s'inquiète peu des souvenirs
historiques, des grands services, des talens. A
Philadelphie, la salle où la fameuse déclaration
de l'indépendance eut lieu est dépouillée de ses
ornements, de ses boiseries; on ne craint point
d'y élever des charpentes pour d'autres fêtes.

Les Américains se livrent rarement à de
violentes émotions; on lit difficilement sur leur
visage l'expression d'un sentiment vif et ardent : le 4 juillet, anniversaire de la déclaration de l'indépendance, est peut-être le seul
jour où ils semblent sortir de leur caractère
apathique, pour s'abandonner à toutes les impressions d'un libéralisme passionné.

Les Américains exigent de leur président
une extrême simplicité. Barras n'eût pas été en

odeur de sainteté dans les États de l'Union. Ils faisaient un crime au président Adam d'avoir établi un billard dans la demeure du chef de la république : ils n'ont point oublié les belles qualités, la touchante simplicité du vénérable Washington.

Les Américains n'ont jamais su que par l'histoire des peuples ce que c'était que la tyrannie ; la place ne leur manque pas ; leurs besoins sont pour longtemps assurés, et tant qu'ils n'auront rien à démêler avec leurs voisins, tant qu'ils éviteront surtout de s'immiscer dans les querelles de l'ancien monde, ils jouiront de cette heureuse tranquillité qui semble avoir disparu des autres nations civilisées.

On me parla d'un commerce qui me parut singulier. Les habitants de Boston font celui de la glace avec la Havane, les Indes, Charlestown et la Caroline du Sud. Lorsque le temps est froid la cargaison arrive sans accidents : on en expédie par an trois mille tonneaux. Quand les navires sont entraînés dans des parages semblables à celui du courant d'eau chaude du golfe du Mexique, le chargement fond et il y a perte : l'homme spécule sur tout, même sur le ciel, et ce n'est pas la plus mauvaise exploration.

Je causai avec un naturaliste fort instruit des phénomènes de ce pays. Il me parla d'une inondation diluvienne qui devait avoir eu lieu du nord au sud. Les dépôts de pierres lisses et variées qui gisent sur des rocs d'une nature toute différente, et à une grande distance des carrières de leurs pareilles, attestent ce bouleversement de la nature.

Long-Island a été produit ainsi; ces masses de pierres entraînées par le torrent ont été au fond de la mer, et ont établi une espèce de barre ou de banc de sable, comme il s'en forme à l'embouchure des rivières.

Les mariages s'opèrent facilement et se multiplient à l'infini : il est des Américains qui se marient dans une ville et peu après dans une autre. Un maire disait qu'on pouvait avoir jusqu'à sept femmes. Je crois ces versions fort erronées, et il doit exister des peines sévères contre la polygamie. Il y a de très-grandes précautions à prendre lorsqu'on obtient les faveurs d'une Américaine; si elle en veut à votre bourse ou à votre main, elle va vous dénoncer à la justice, elle baise la Bible (c'est le serment américain), et le séducteur est condamné à se marier ou à payer une forte amende. Avis aux amateurs du beau sexe.

Un matin, après avoir pris quelques douzaines d'huîtres à la taverne et sablé un vin blanc généreux, je dirigeai mes pas vers l'habitation de ma jeune veuve : ses jolis enfants jouaient dans l'appartement ; elle était occupée à arranger sa blonde chevelure. Je lui contai ma mésaventure ; j'eus presque envie de lui adresser des reproches , mais elle me plaignit avec une expression si touchante, que je gardai le silence.

Je fus, un dimanche, de l'autre côté de la rivière, à bord d'un steam-boat : la campagne était belle ; je me reposai dans un jardin-restaurant. Les citadins s'etant dirigés vers un autre promenade, sur la rivière du nord, je m'y rendis, accompagné de mon ami l'Américain.

Rien de si bon marché, de si commode et de si amusant, je le répète, qu'un steam-boat : la charrette se trouve à côté de l'équipage, la grisette près de la lady ; c'est un pot-pourri où chacun se met à l'aise : on fume, on boit, on contemple de jolis yeux, des formes charmantes, ou le tableau riant de rives pittoresques. La campagne me parut délicieuse; l'affluence des promeneurs était considérable; on prenait des rafraîchissements sur la pelouse, ou l'on s'égarait dans des sentiers solitaires tracés le long de la rivière. Jamais promenade ne me parut plus agréable : elle ne m'offrait point la monotonie de celles de France.

Quelques heures avant de monter dans le steam-boat, je fus m'étendre dans un bain de marbre. En sortant de l'établissement je rencontrai miss Betzy, et lui fis mes adieux ; elle parut triste, me reprocha de lui avoir caché ce départ, et s'éloigna avec vivacité.

Je ne tardai pas à prendre le chemin du rivage. La fumée épaisse qui s'échappait du tuyau du steam-boat annonçait son prochain départ. Le pont était couvert de monde : c'était un tableau animé, touchant et des plus variés : il eût fourni un très-joli sujet à quelque peintre habile. Je quittai la terre et fus me mêler à cette foule agitée par tant de sentiments divers; quelle fut ma surprise d'y trouver le brave capitaine Lubek, mon jeune Américain et miss Betzy!.. Ils avaient voulu aussi souhaiter un heureux voyage au pauvre Français : je leur donnai affectueusement le *shake-hand*, à la mode américaine. On leva la planche, la machine fonctionna, et le bateau partit. Assis sur l'arrière, mes yeux suivirent mes bons amis les Américains tant qu'ils purent les distinguer ; ils agitaient leurs mouchoirs; un seul s'élevait avec plus de persévérance.... et puis je ne vis plus rien; à peine si je m'apercevais du mouvement fatigant du steam-boat, des coudoiements des voyageurs qui me heurtaient, et du noir de la cheminée, qui eut bientôt métamorphosé la couleur de mon chapeau blanc.

CHAPITRE XXI.

Nous allons rejoindre en mer le trois mâts le *Havre;* nous faisons environ sept lieues, et remorquons un autre paquebot pour Liverpool. C'est une bien belle invention que ces steamboats! on fait toujours du chemin, tel temps qu'il fasse. A quatre heures nous nous trouvons sur le *Havre,* les voiles sont hissées, le navire fait route pour la France. Je quitte l'Amérique

le 1er juin, et calcule déjà le jour de mon arrivée dans ma patrie.

Notre bâtiment n'avait point la réputation
d'être marcheur ; le nouveau capitaine, ancien
marin qui a fait plusieurs fois le voyage des Indes,
s'est flatté de la rétablir : puisse-t-il réussir !

Le vieux canonnier de marine, qui avait
habité Cincinnati, occupe ma chambre avec un
autre Français qni vient de faire un mariage
avantageux à New-York [1]. Une jeune Américaine
et son frère, fermiers dans l'intérieur des terres,
vivent, avec ce dernier, à la cuisine du capitaine :
ils paient fort cher les restes de la chambre.

Mon Cincinnatien, qui est fort original et dé-
vot à l'excès, me propose de mêler nos vivres :
j'accepte, en pensant que cela variera notre
nourriture. Il ne mange jamais sans faire avant
sa prière.

Nous sommes environ vingt-quatre passagers.
Le flegme imperturbable de plusieurs docteurs
des États-Unis contraste avec la gaîté franche de
quelques négociants français qui se sont enri-
chis à la Nouvelle-Orléans. Une jeune Française

---

[1]. Quoiqu'à l'entre-pont, on me donna la chambre de l'un des officiers du bord. Il n'y a rien de tel que de parler la langue du pays : ce
faible avantage me valut quelques attentions de la part du capitaine. Il
m'assura qu'il connaissait des Français qni habitaient depuis dix ans les
États-Unis, et dont la prononciation était bien inférieure à la mienne.

qui vient d'enterrer un vieux mari américain est vêtue de noir ; mais bientôt elle quitte son deuil, affecte une gaîté indécente, une familiarité excessive, et fait choix d'un chevalier.

Le mal de mer s'empare de tous les passagers, les figures deviennent livides, le capitaine aura bon marché des huit cents francs de chacun. Je suis marin dans l'âme, et ne conçois pas qu'on puisse être malade. Le navire ressemble à un hôpital, les passagers prennent force drogues.

En général, à bord, soit en mer, soit sur les fleuves, les personnes de la chambre causent peu avec celles de l'entre-pont ; cependant, dans une longue traversée, on a plus le temps de se connaître et de s'apprécier : aussi je conversais souvent avec des négociants de la Nouvelle-Orléans et avec un consul qui avait entendu parler de nos désastres au Guazacoalcos.

Ces habitants de la Louisiane m'entretinrent souvent de leur contrée : c'est un pays très-avantageux malgré son climat, pour faire fortune. Les esclaves nègres s'y paient fort cher[1].

Les dix premiers jours nous faisions peu de route, n'ayant point de brises et souvent des cal-

---

1. Un Français, ayant eu la même idée que m'avait inspiré l'aspect du Mapou de Spanichtown, avait établi, à la Nouvelle-Orléans, un cabaret sur un arbre fort étendu, et faisait un grand débit de liquide dans cette taverne aérienne.

mes. A la hauteur des bancs de Terre-Neuve, nous sommes assaillis par le mauvais temps. L'un des négociants de la Nouvelle-Orléans, impatient d'arriver, demandait sans cesse une brise carabinée : ses vœux sont exaucés, mais on ne le voit plus sur le pont. Les tonneaux roulent, la vaisselle se brise, c'est un vacarme abominable. Une nuit, une lame donne avec une telle force en travers du bâtiment, que tout est bouleversé ; le navire paraît pendant quelques minutes ne plus se relever. Mon perroquet voyage avec nos bagages ; je suis jeté en bas de ma cabine ; je me lève à la hâte, croyant encore ma dernière heure venue. Je monte sur le pont : le ciel est horriblement noir, je distingue à peine le feu du cigare du capitaine. Tous les passagers sont renfermés dans leurs chambres, livrés à des angoisses mortelles. Je ne suis pas longtemps spectateur de cette sombre scène : mon pied glisse, et, ma tête donnant contre le cabestan, je suis jeté de bâbord à tribord.

Cet effroyable temps durant toujours, car notre capitaine avait pointé vers le nord pour avoir des brises carabinées, l'équipage était constamment sur le qui-vive. Un soir, au soleil couchant, le paquebot pensa sombrer à la suite d'une bourrasque qui dura cinq minutes ; si les matelots n'eussent amené les voiles avec une agilité étonnante, nous courions le plus grand danger. Le sifflement violent du vent dans les cordages glaçait l'âme. Cette tempête continuelle m'avait donné de tristes pressentiments; quelquefois je mettais en doute notre arrivée. Une autre nuit, le bâtiment était tellement fatigué par des lames qui battaient ses flancs, qu'il se relevait avec peine; je montai sur le pont pour reconnaître le danger[1].

Les passagers s'ensevelissent dans leurs cabanes, les femmes pleurent; une mer furieuse, des montagnes de neige, qui souvent présentent à leur superficie un vert d'émeraude, nous poussent rapidement; le vent est au plus près, nous filons comme par magie sur ces sommités effrayantes. Les négociants tremblent pour leurs jours et leurs richesses; je ne songe qu'à ma famille. Pendant ce mauvais temps nous rencontrons plusieurs navires démâtés et rasés entièrement de leurs bords. J'entends une fois les cris : *A la mer! à la mer!* tous les passagers courent sur l'arrière : c'est une poule que les vagues ont bientôt soustraite à nos yeux[2].

---

1. L'un des passagers jetait alors un papier à la mer; je lui demandai, en m'excusant de ma curiosité, quelle offrande il faisait à Neptune. Il soupira mélancoliquement en me disant que c'est une boucle de cheveux dont il se dessaisissait. Sans doute l'approche de la patrie, et peut-être d'une femme légitime, a motivé cet acte expiatoire.

2. Notre *cook* (cuisinier) avait embarqué une quantité d'oiseaux d'Amé-

Favorisés par une brise carabinée qui équivalait à une tempête continuelle, nous sommes le 21 dans la Manche; des vents faibles, avec notre lourd navire, nous eussent donné une traversée double. Un pilote monte à bord, et, après un assez long calme, nous sommes le 23 devant le Havre. Mon cœur palpite à la vue de cette ville que je quittai il y a quatorze mois, et que j'ai eu tant de peine à regagner. Les Américains s'étonnent de l'aspect peu agréable du port; mais c'est la France, et peut-il être un pays plus beau que le sien ? Je n'ai pas plus tôt posé le pied sur le rivage, qu'involontairement je m'écrie :

A tous les cœurs bien nés que la patrie est chère !

L'ancre est jetée, je vole à terre, mon perroquet au bras : douanes, passe-ports, j'ai bientôt tout expédié[1]. Maudite douane, qui cause tant

rique aux nuances brillantes et variées; ils périrent presque tous dans la traversée. Mon perroquet, dont j'avais refusé un prix assez élevé à la Jamaïque, car les caprices se paient en tout pays, pensa succomber au mal de mer. Cet oiseau m'a donné plus de peine qu'un nouveau-né qu'on eût amené d'Amérique. Chaque matin les dames et les passagers s'informaient de sa santé, comme si c'eût été un personnage important. Le capitaine voulut aussi me l'acheter; mais je tenais à présenter à mes enfants le compagnon de voyage que j'avais annoncé.

1. La crainte de la douane m'avait fait couper et tailler les robes que j'avais achetées à la Jamaïque et à New-York. La jeune fermière américaine me rendit ce service avec une obligeance charmante.

Il me restait encore quelques centaines de cigares, et du tabac en d'ennui et de retard aux voyageurs! Mais le public a beau murmurer, il y aura toujours des impôts; il en existe dans tous les pays, à moins que ce ne soit chez les sauvages.

Je revis avec un plaisir indicible cette modeste hôtellerie où, une année avant, j'avais séjourné douze jours, bercé par de douces illusions; je revenais seul de tant de colons, et cette idée m'attristait. J'avais échappé à la fièvre jaune, au naufrage, je remerciais le ciel de m'avoir conservé à ma famille, à laquelle j'étais si nécessaire : combien d'infortunés n'étaient plus dans le même cas ?

Je retardai d'un jour mon départ¹, pour faire le voyage avec nos jeunes Américains qui allaient voir des parents en Suisse. On a bientôt fait connaissance en voyage, surtout sur mer, où l'on court tant de dangers : les périls partagés ci-

feuilles et en carotte ; j'en avais donné à plusieurs passagers pour le passer en fraude; moi-même j'allais le soir en placer dans mon chapeau , qui manqua plus d'une fois, par ses balancements , de me trahir. Que d'anxiétés en coudoyant les douaniers aux yeux d'Argus et aux mains toujours prêtes à fonctionner! Je perdis une grande partie de mes cigares, le Français de l'entre-pont ayant, par mégarde ou par ton, laissé sortir de sa poche le bout d'un foulard non coupé : on lui en confisqua deux douzaines : avis aux fraudeurs !

1. Le capitaine était content; il avait montré son habileté en allant chercher et défier les tempêtes si fréquentes dans les parages du nord, son pari était gagné, et la réputation du navire rétablie.

mentent l'amitié, et l'on se trouve amis au moment de se quitter peut-être pour jamais.

Je monte en diligence : plus de roulis, de calme, de tempêtes; le fouet du postillon se fait entendre; les roues brûlent le pavé. L'impériale est chargée de barils d'argent appartenant au gouvernement. Je suis destiné à voyager en compagnie de l'or, sans en avoir plus pour cela. C'est un tableau poignant pour celui qui n'a rien : hélas! si seulement une petite partie de ce métal m'appartenait, je serais heureux; pourquoi y en a-t-il qui en ont tant et les autres point [1]?

J'arrive enfin dans la capitale!... Je suis parti avec trois francs et quelques centimes, j'ai fait six mille lieues sur mer, je reviens avec un once d'or, quelques pièces de cinq francs, des perles, des étoffes et un perroquet,... tant la Providence est grande! Mais, hélas! qu'il y a loin à ces belles cargaisons d'acajou et de vanille sur lesquelles j'avais compté! J'aurais tant voulu rapporter quelque chose [2]!

1. A côté de moi était un jeune capitaine de marine qui avait fréquenté le Mexique, ce qui me valut de sa part une série prolongée de questions. Il fallut braver dans le cabriolet le froid auquel je fus très-sensible; habitué à la température des pays chauds, je devais maintenant m'acclimater à ma patrie.

2. Si j'étais monté à bord de la *Diane*, j'aurais contracté des engagements qu'il eût fallu remplir; j'aurais été obligé d'être à charge à ma famille. Au lieu de cela, je possédais quelques quadruples, tandis que les autres colons revirent la patrie avec des traites à payer.

Il me serait difficile de peindre mes diverses émotions à la vue de ma famille ; je laisse à penser ce que mon cœur éprouve après tant de traverses : un soupir s'échappe de ma poitrine, et je m'écrie, en songeant à notre expédition au Mexique : « Qu'allais-je faire dans cette maudite galère ? »

CHAPITRE XXII.

Je suis loin de partager l'opinion de la plupart des colons du Guazacoalcos, qui pensent que toute colonisation est impossible dans un climat aussi insalubre, où des myriades d'insectes ne laissent pas un moment de repos. En s'éloignant des bas-fonds et du bord du fleuve, en mettant le feu aux forêts, en défrichant, on aurait eu moins à redouter les fièvres et les miasmes produits par l'air pestilentiel des marais; les moustiques et les reptiles se fussent retirés, peu à peu, dans des lieux plus solitaires.

Le Français ne possède pas le secret de la colonisation. Presque tous les émigrants s'imaginent qu'il n'y a qu'à poser le pied sur la terre d'Amérique, pour être riche : fatale erreur, source de grands désappointements! Celui qui a le courage de s'expatrier, doit se pénétrer d'une grande vérité, c'est que ce n'est qu'à force de travail, de persévérance et d'union, qu'une colonie peut prospérer, et qu'un pays vierge à explorer doit mettre l'âme et le corps des colons à de grandes épreuves.

Les Français ne pourront jamais travailler dans ces climats brûlants ; qu'ils se contentent de diriger les cultures. Les naturels ont déjà bien de la peine à se livrer à une occupation de courte durée ; les forces s'épuisent promptement avec une transpiration constante. On devrait aider pécuniairement les premiers colons, car il ne suffit pas d'avoir un matériel, il faut pouvoir employer des Indiens, qui ne prennent la *manchela* qu'à l'idée de pouvoir acheter de l'eau-de-vie. Amener des ouvriers de France, c'était la plus triste et la plus mauvaise des spéculations.

Les Anglais, qui ont le génie du commerce, qui passent la plus grande partie de leur vie sur l'Océan ou dans des comptoirs éloignés, s'entendent à merveille à coloniser. Ils naissent avec l'amour des découvertes. On les voit affronter les mers glaciales et orientales, s'enfoncer dans le cœur de l'Afrique, sur des fleuves inconnus, pour augmenter le cercle de la science, pour étendre et abréger les voies de communication. Ayant une patrie circonscrite par la mer, ils sentent le besoin d'aller s'établir sur différents points du globe, afin de ne pas être réduits à lutter contre la concurrence du pays, fatale, en général, aux explorateurs, et ne tournant qu'au profit d'un certain nombre.

Le gouvernement anglais exige, avant d'autoriser une colonie, trois choses indispensables, sans lesquelles elle ne peut que crouler dès sa naissance : des capitaux, des hommes capables et un chef susceptible de lui donner une bonne impulsion. Ces trois points remplis, il en est bien peu qui ne prospèrent, si le sol est fertile et le climat salubre.

L'Angleterre n'a permis de coloniser dans l'Australie méridionale, qu'après la réalisation de 875,000 francs de terres et d'un capital destiné à pourvoir aux premiers besoins. Dès la première année, quatorze navires chargés d'émigrants, de matériaux, de meubles en bois, et même d'une église pouvant contenir sept cent cinquante personnes, sont partis pour l'Australie.

Une compagnie anglaise vient d'obtenir de la

république de Guatimala, une concession de douze millions d'acres de terres vierges. L'Angleterre sent l'importance d'établir des comptoirs au centre des rives productives du nouveau monde.

Le baron Thierry, ingénieur français, après s'être entendu avec les indigènes de la Nouvelle-Zélande, est parvenu à se faire concéder des terres, et à s'en faire déclarer le chef. Il va régir cette île de la mer du Sud dont le gouvernement anglais a reconnu l'indépendance. Il a, en outre, passé un traité avec la Nouvelle-Grenade, parce qu'il voit tout le parti qu'il pourrait tirer de la colonie, en établissant un canal ou un chemin de fer à Panama.

Une société de Dijon, franco-mexicaine, a obtenu une concession à Jaltepec, dans l'état de Vera-Cruz, et est parvenue, guidée par le chef de la société, à s'établir sur ce point. Les rapports, jusqu'à ce jour, sont avantageux; les récoltes se préparent. Nos revers doivent nécessairement profiter à d'autres émigrants, et leur faire éviter les écueils sur lesquels nous avons échoué.

Quelques têtes fortement organisées, animées du besoin de commander et de concevoir de grandes choses, s'éloignent de la patrie lors des révolutions, et vont, dans des pays à demi sauvages, apprendre à des peuplades lointaines ce que peut, sur l'espèce humaine, le courage et le génie entreprenant[1]. La science est un talisman vis-à-vis de l'homme de la nature; il ne demande qu'à apprendre et à se soumettre à celui qui lui est supérieur par l'intelligence : voilà la seule inégalité qu'il soit toujours disposé à reconnaître.

Examinons maintenant ce qui a perdu nos diverses expéditions, l'analyse n'en sera pas longue.

Le chef n'avait fait opérer aucun travail préparatoire pour recevoir les colons.

On ne tenait point compte de la saison des pluies.

Aucun colon n'avait de fonds.

Le choix d'hommes avait été presque généralement mauvais, puisqu'il ne fallait, dans le principe, que des ouvriers et des agriculteurs.

On avait omis le point essentiel : il n'y avait point de moyens de transport de la barre à la concession.

Il n'y avait aucun centre de réunion; bientôt les colons se dirigèrent sur divers points, pour se procurer des moyens d'existence.

---

[1]. Ce sous-officier de l'empire qui fut presque roi à Madagascar, cet officier de lanciers de la garde qui gouverne une tribu africaine, un autre qui est au Pérou, et le général Allard qui commande les troupes du roi de Lahore dénotent que le génie perce, fût-ce à des milliers de lieues, lorsque la mère patrie veut l'étouffer.

Les excès enlevèrent les hommes les plus robustes : nous n'avions point de médecin.

Nous n'eûmes aucun encouragement de la
part du gouvernement mexicain.

Le directeur et le gérant n'avaient point d'argent.

Avec de tels éléments de colonisation, avec la
misère et le désespoir, la fièvre jaune et les
moustiques qui nous dévoraient sur la plage du
fleuve, pouvions-nous raisonnablement espérer
coloniser? Non, il fallait mourir ou s'en retourner. Notre sort eût été différent et la colonie
prospérerait maintenant, si elle avait eu tout ce
qui lui a manqué.

Tout conspirait contre elle, l'on interceptait
jusqu'à nos lettres à la Vera-Cruz; je n'en reçus
pas une seule, quoiqu'on m'en ait adressé plusieurs. Cette ville ne voyait-elle pas d'un mauvais œil la canalisation de Téhuantepec ? Des
comptoirs sur les rives du Guazacoalcos devaient être la ruine de ceux de la Vera-Cruz,
dont l'insalubrité pouvait être seule bravée par
l'avide Européen.

Prenons exemple sur l'Angleterre; avec des
capitaux, un choix convenable de colons et la
protection de la mère patrie, avec ces éléments
premiers de toute colonie à fonder, elle mar-
chera en dépit des diatribes, des prophètes de

malheurs et d'hommes timorés qui ne peuvent concevoir les entreprises grandioses. S'il n'avait existé que des têtes ordinaires, nous serions réduits à contempler la Manche et la Méditerranée, et nous ne connaîtrions pas les plus belles contrées du globe. A l'homme de génie seul il appartenait de franchir les bornes que la nature semblait lui avoir assignées.

Si j'inspirais assez de confiance à quelques capitalistes pour fonder une colonie sur la rive du Guazacoalcos, connaissant la fertilité de ce pays et les beaux résultats qu'on peut tirer d'une végétation propre à diverses cultures et d'un entrepôt sur ce point central, j'accepterais cette mission honorable et glorieuse, et voici la marche que je suivrais :

J'exigerais un capital d'un million. Ma première expédition, dont je ferais partie (car un chef doit guider les siens, surtout dans de pareilles explorations), aurait lieu en septembre, afin d'arriver avant la saison des pluies. Nous irions préparer le logement.

Je voudrais un acte de concession bien précisé, de la part du gouvernement mexicain, afin de pouvoir discuter nos droits s'il en était besoin, et que l'arbitraire ne puisse déverser sur les colons le dégoût, comme cela a eu lieu lors de notre arrivée. Ils seraient certains de trouver cette fois aide et protection.

Le premier bâtiment serait chargé d'outils, des bois de deux bateaux plats, et d'un bateau à vapeur en fer, qui seraient montés aussitôt débarqués. Ces moyens de transport eussent en partie sauvé les colons, que les pluies, un soleil brûlant et la fièvre jaune ont fait périr à la barre. Je m'établirais à quelque distance du fleuve, sur des coteaux et loin des marais fétides.

Les colons se composeraient d'un architecte, d'un géomètre, d'un instituteur, d'un naturaliste, d'un curé, d'un médecin, d'un chirurgien, de distillateurs, d'ouvriers, tels que menuisiers, charpentiers, maçons, serrurriers, scieurs de long, de quelques marins, et de deux officiers de marine marchande. J'emmènerais aussi quelques agriculteurs, ayant des connaissances spéciales pour la culture des tropiques, afin de faire des essais avant l'arrivée de la deuxième expédition, qui pourrait partir en décembre. Elle se composerait de deux bâtiments, parce que, dans le laps de trois mois, des habitations seraient établies pour les recevoir convenablement, et qu'il serait important que les expéditions se succédassent, en évitant toutefois la mauvaise saison, pour ranimer le moral des premiers émigrants.

La troisième expédition ne pourrait partir

qu'un an après, en septembre, et ainsi de suite. A l'aide du nouveau charbon (l'anthracite) qu'on a découvert en Amérique, et dont il faut une moindre quantité, on pourrait se servir de bâteaux à vapeur qui auraient leur *steamer* pour la traversée d'Europe en Amérique.

Les colons se sentant un chef, ne penseraient plus à aller courir de ville en ville, jusqu'à Mexico ; d'ailleurs, cette faculté leur serait interdite, ainsi que l'usage immodéré des liqueurs fortes, qui double le nombre des victimes.

J'établirais un comptoir à la barre du Guazacoalcos, et pour parer aux sinistres qui résultent souvent des coups de vent du nord dans le golfe du Mexique, j'aurais quelques bateaux insubmersibles inventés par M. Greathead.

Il y aurait un comptoir central à Sarabia et un à Téhuantepec; pendant les travaux du canal ou du chemin de fer, les marchandises seraient conduites, à dos de mulet, par la route de Guichicovi. De cette manière, une cargaison traverserait l'isthme en huit jours, tandis qu'il faut quatre mois par le cap Horn; un cabotage s'établirait sur la côte, et l'on échangerait les marchandises d'Europe, déposées dans les entrepôts, contre les productions du pays, qui seraient exportées en France.

Je m'occuperais ensuite, à l'aide de capitaux

que l'on trouverait facilement, de la canalisation du Guazacoalcos (environ sept lieues) jusqu'à Téhuantepec. Si cette opération présentait trop de difficultés, ce que je ne crois pas, nous établirions un chemin de fer. Déjà le gouvernement mexicain, en 1822, a fait, depuis Sarabia, un chemin jusqu'à Téhuantepec, pour les piétons et les bêtes de somme; mais il faudrait rendre le passage possible, soit à des bateaux à vapeur, si c'était un canal, soit à des *waggons* (chariots), si c'était un chemin de fer, afin d'accélérer le transport des marchandises, et les échanges de l'Atlantique avec la mer Pacifique. Cette route établie, après une concession avantageuse, serait une source de gloire et de richesse pour la France, et les habitants du nouveau monde admireraient le caractère industrieux du peuple français.

Pendant les commencements de notre exploration, les officiers de la marine monteraient le bateau à vapeur; ils iraient à la Nouvelle-Orléans vendre des bois d'acajou; des chevaux et des mulets à la Havane. On se procurerait quelques goëlettes pour faire le cabotage aux Antilles et à la presqu'île de Yucatan. Tel serait le mode d'importation et d'exportation circonvoisines.

De nombreuses usines s'établiraient graduellement sur les divers points favorables à leur exploration ; l'on s'adonnerait à la culture de l'indigo , de la vanille , de la canne à sucre, du café, et surtout à la distillation, qui serait d'un grand produit. Les colons du Guazacoalcos deviendraient, à l'aide de ces travaux , bientôt les riches entrepositaires du Chili , du Pérou , de Guatimala et de la California ; ils prouveraient que le courage et la persévérance triomphent des plus grandes difficultés.

Tel est le léger aperçu que j'ai cru devoir indiquer pour établir une colonie prospère au Guazacoalcos; elle deviendrait d'une importance notoire pour la France. C'est au gouvernement à peser ce projet, à ne point le laisser explorer par d'autres nations plus entreprenantes , et à songer qu'une colonisation qui doit être si riche en résultats , immortaliserait le souverain qui ne craindrait pas d'embrasser ce vaste plan. Six expéditions au Guazacoalcos , mal organisées, sans chef, donnent une triste leçon à la France : le sang de nos compatriotes a rougi le sol mexicain ; leurs ossements fécondent les forêts vierges du Mexique : que leurs cendres soient recueillies par nous, et qu'un mausolée élevé à leurs mânes atteste leur fatale inexpérience et leur courage malheureux !

M. Laisné avait voulu suivre une autre marche; avec des connaissances et de l'esprit, je suis encore à concevoir comment il a cru réussir en opérant ainsi : il voulait récolter sans semer, et cela est de toute impossibilité. Il faisait verser des capitaux, et, n'embrassant que l'instant du moment, nous enlevait nos faibles ressources, prétendant qu'une fois à bord, nous n'avions plus que faire d'espèces. Ah! s'il pensait nous envoyer au trépas, il avait raison; une fois en terre, on n'a plus besoin de rien. Devait-il espérer que la colonie s'établirait sans avoir un chef respectable? Pouvait-il présumer que des colons, la plupart avec peu d'argent, parviendraient à opérer quelque défrichement[1]? Non; nous avons été abandonnés à nous-mêmes, tel qu'un vaisseau tourmenté par les vagues, qui, s'il n'a personne au gouvernail, échoue au port.

A quoi pouvaient servir notre courage, notre persévérance? il fallait succomber; heureux ceux qui ont échappé à la mort! ils cherchent à regagner la France, mais qu'un semblable voyage est long et difficile lorsqu'on est dénué de toute ressource!

De malheureux Français errent maintenant

---

1. Ce qui s'oppose assez généralement à la prospérité des colonies naissantes, c'est que la plupart de ceux qui s'expatrient sont des gens paresseux, peu habitués au travail, des réprouvés de la société, sans aucun principe de justice ni de morale, qui ne se plaisent que dans le désordre.

dans les forêts ou dans les villes du Mexique, implorant la compassion des étrangers. Ils n'ont plus rien ; cette colonie projetée a tout englouti : une santé détruite, des douleurs aiguës, voilà ce qu'ils ont gagné ; et la plupart mourront de tristesse et de misère, loin de leur patrie.

En Angleterre, on a fondé une société pour les marins : d'énormes capitaux, de hautes notabilités dans la marine britannique sont à la tête. En France, il existe une société des naufrages ; pourquoi n'en pas instituer une pour les colonies, destinée à étayer leur fondation, à les aider des conseils de l'expérience et de capitaux ? Cette institution aurait des résultats incalculables pour la métropole, en facilitant les émigrations d'outre-mer.

Des millions sont sans cesse votés pour des monuments à élever dans la capitale ; sans doute, ils l'embellissent, mais leur utilité peut-elle balancer celle de la fondation d'une colonie pour la France ? Consacrez un million à l'établissement d'un comptoir sur le sol du Mexique, cette terre riche en végétation de toute espèce, cette terre qui recèle l'or et l'argent, vous aura bientôt rendu des milliards.

CHAPÍTRE XXIII.

Alger et le Guazacoalcos.

Je ne veux pas terminer ces observations sans faire quelques réflexions sur notre nouvelle colonie d'Alger, qui, un jour aussi, doit, n'en doutons pas, être si avantageuse à la mère patrie. Sa proximité de la France lui donne un grand avantage sur la colonie du Guazacoalcos, qui est à 2,500 lieues au delà de l'Océan; mais cette dernière en offre aussi un qu'elle ne possède pas : ses habitants sont doux, et le colon n'en a rien à craindre. En est-il de même de l'Arabe et du Bédouin ? Non ; et c'est ce qui exigera de grands déploiements de forces et un tout autre système de colonisation. Ici chaque colon doit être soldat ; une ligne fortifiée et des comptoirs devront être établis sur les limites du littoral que l'on veut cultiver. On s'abuserait en croyant parvenir à s'attacher les naturels du pays ; cette fusion est aussi impossible que celle des partis en politique. Les haines semblent s'apaiser, l'union se cimenter ; mais, au moindre espoir de reprendre d'anciens priviléges, l'étincelle et le fer brillent, le sang coule. Telles sont souvent les causes des révolutions ; telle sera la colonie d'Alger, si l'on ne repousse pas les naturels dans l'intérieur du pays.

Étudiez l'histoire des colonies, celle de l'Amérique même, les indigènes ont à peu près disparu ; moins par le mélange des sangs que par le fer et la destruction, et s'il reste encore quelques Indiens, quelques sauvages, fiers de leur indépendance, ils aiment mieux se faire traquer, que de se soumettre à la civilisation ; l'amour du pays, de leurs ancêtres, l'horreur de l'esclavage, leur font préférer la mort à un changement dans leurs habitudes et dans leurs croyances. Sans doute ce système d'extermination ou d'expulsion est contraire aux principes de l'humanité, mais il est preque toujours suivi et souvent indispensable.

Gardons-nous de songer à abandonner Alger; maintenons-y des forces imposantes, capables de contenir les Arabes; qu'elles leur ôtent l'espoir de nous expulser, ils porteront alors le pillage sur d'autres points. La proximité de cette colonie en fera notre entrepôt; elle servira de phare à nos flottes de la Méditerranée, et de sentinelle avancée pour observer celles de la Russie et de la Turquie. Elle sera une source de richesses pour le midi de la France. Passons à l'ordre du jour sur les protestations des autres puissances. Si nous avions la faiblesse d'abandonner notre conquête, une autre nation s'en emparerait. Non, encore une fois non, l'honneur national, nos intérêts commerciaux et politiques veulent que nous gardions Alger, qui doit être France désormais.

A une colonie naissante il faut un chef aimé et capable, c'est le bras-levier qui la fait prospérer. Le gouvernement doit encourager les émigrations et protéger les colons; car, du moment où ils ne se sentent plus appuyés de la patrie, ils sont perdus. Sous la restauration, on voulut fonder une colonie philanthropique dans la Sénégambie; elle porta ombrage au gouvernement, parce qu'elle était proche de Sainte-

Hélène, et qu'il s'y rendait des officiers de la vieille armée. Il traversa ses opérations, entrava ses départs, et ruina la société[1].

Les adversaires de la colonisation citent sans cesse les chiffres du budget pour l'occupation d'Alger. Mais, en tout pays, avant de récolter, il faut semer. Les Espagnols, lors de leur première conquête, abandonnèrent Cuba pour aller à la recherche de l'or du Mexique ; aujourd'hui cette île a l'importance d'un royaume pour l'Espagne. La Jamaïque qui, sous le protectorat de Cromwell, valut de la prison dans la tour de Londres, à un amiral, parce que l'un considérait cette île comme pauvre et peu digne du sang de quelques marins, cinquante ans après était la plus riche des Antilles.

De savants publicistes ont émis le vœu de voir supprimer la peine de mort : eh bien, je crois que le seul moyen d'y arriver, c'est de protéger les nouvelles colonies, de favoriser l'émigration et d'en consacrer quelques-unes, suivant l'importance des crimes, à l'exil des condamnés. Il est prouvé que la peine de mort n'effraie nulle-

1. M. Bosc le naturaliste et plusieurs hommes de mérite étaient à la tête ; j'y perdis quatre actions de mille francs. Un comptoir sur ce littoral de l'Afrique offrait cependant assez d'avantage à la France ; mais les Bourbons ne voyaient que Napoléon et son évasion de Sainte-Hélène. Ils avaient bien raison ; si nous avions pu l'en tirer, il n'y serait pas mort.

ment le criminel ; il serait si beau de ne plus voir couler le sang : un exil à perpétuité punirait assez le scélérat, qui, sous la direction d'un chef juste mais sévère, peut redevenir honnête homme. Il n'y a rien qui apaise les passions, les vices, la soif de l'or, comme la vue d'une belle nature : je crois vraiment que les hommes seraient meilleurs, s'ils ne se rassemblaient pas en société, car ils se pervertissent les uns les autres.

Un gouvernement pacifique doit favoriser les colonies qui se fondent, elles sont pour lui un réservoir qui reçoit le trop-plein de la population ; en France, depuis vingt ans que nous n'avons pas la guerre, elle devient effrayante : les jours fériés, les jours de la semaine même, on est étonné de voir les quais, les rues, les places publiques, les boulevards, couverts d'hommes, de femmes et d'enfants, et l'on se demande aussitôt comment tant de monde peut trouver des moyens d'existence. Aussi combien en est-il qui gémissent dans la misère!... Ah ! s'ils avaient la faculté d'émigrer, s'ils envisageaient un meilleur avenir, ils n'hésiteraient pas à quitter la mère patrie qui ne leur donne souvent qu'un pain noir arrosé de leurs larmes. Ils imiteraient les Allemands et les Suisses qui émigrent annuellement : *ubi panis, ibi patria.*

Le luxe en France est porté à son comble, doit-on s'en réjouir? Rome ne touchait-elle pas à sa décadence lorsqu'elle s'enorgueillissait des richesses des vaincus? Chacun veut briller, rouler équipage, occuper des places, avoir de la fortune sans se donner de mal; les têtes travaillent, les projets s'enfantent, les capitaux roulent, les concurrences s'établissent sur tous les points, dans tous les états, et des chutes multipliées s'ensuivent.

Dans un semblable accroissement de population, avec une soif telle d'argent, il faut pousser à l'émigration; car, sans cela, chacun se ruine dans le pays à l'envi l'un de l'autre : les émigrations ouvrent un vaste champ aux ambitions; elles sont souvent la source de belles découvertes, d'heureux résultats, et le pays est débarrassé d'esprits inquiets et remuants.

CHAPITRE XXIV.

Cabotage et canalisation.

———

J'ai fait entrevoir, dans le cours de cet ouvrage, le parti que l'on pourrait tirer d'un entrepôt central sur les rives du Guazacoalcos où
seraient déposées toutes les marchandises de
France, lesquelles seraient ensuite, à l'aide d'un
cabotage bien dirigé, exportées sur les différents
points littoraux de l'Amérique, et échangées
contre ses riches produits. Ce genre de commerce aurait d'immenses avantages, ces magasins mettraient à même de connaître les be-

soins de chaque pays, et de se défaire avantageusement de sa marchandise; tandis qu'il arrive souvent aux bâtiments de commerce venant de France, qu'ils en apportent dont le pays n'a nul besoin, et dont ils tirent un très-mauvais parti. Ce grave inconvénient serait détruit par la proximité des relations, et par la facilité de faire rentrer en magasin celles qui ne seraient pas, pour le moment, de défaite.

Le voisinage des Antilles et des États-Unis, des riches pays de la côte occidentale de l'Amérique offre, je le répète, des chances de fortune brillante à ceux qui ne craindront pas de mettre à exécution ce projet de jonction des deux mers, et de coloniser sur ce point central. Le succès de cette entreprise fera une révolution commerciale, et n'en sera-ce pas une belle qu'une opération qui réduira des traversées dangereuses de trois et quatre mois, à des navigations courtes et de quelques jours.

Plusieurs points se présentent pour opérer cette jonction; ils sont tous dépendants des républiques de Colombie et de Guatimala; mais, en colonisant le Guazacoalcos, ce fleuve est préférable à tous, et Fernand Cortez, lors de ses premières découvertes, maître de Tabasco, et, parcourant la province de Guazacoalcos, avait entretenu l'empereur Charles-Quint, de l'isthme de Téhuantepec, et l'avait appelé *le secret du détroit;* mettez à exécution l'idée du grand homme.

Ah ! qu'il me soit permis encore de parler de ces intrépides navigateurs, dont les noms sont entourés d'une auréole de gloire; on admire la hardiesse de leurs débuts, on s'attriste en voyant leur fin déplorable. Cortez, à qui l'on devait une couronne, est en proie à la misère ; l'empereur, en récompense de ses services, lui refuse une audience!... mais, se faisant jour à travers la foule, il monte sur l'étrier de la voiture. L'empereur lui demande qui il est : « Celui qui vous a conquis plus de royaumes que vos pères ne vous ont laissé de villes. » Belle réponse qui ne lui rend pas la faveur du prince.

Le maître du Pérou, Pizarre, descend dans la tombe, égorgé par les siens ; ses frères ont tous également une fin malheureuse.

L'intrépide Colomb, avec son idée fixe de découvrir le Nouveau Monde, meurt en disgrâce, et ses fers renfermés dans son tombeau, attestent la reconnaissance de l'espèce humaine.

Ces hommes supérieurs sont rares et brillent de siècle en siècle, comme les étoiles d'un éclat éblouissant, qui filent et disparaissent ensuite. Cependant de hardis explorateurs, de savants navigateurs, cherchent encore à augmenter la sphère de nos précieuses découvertes; dans le nord, le capitaine Parry, John Ross et Back, ne craignent point d'aller s'ensevelir vivants dans les glaces du pôle nord : espérons que la terre de Boothia Félix est une île, et qu'on pourra se frayer un passage de l'Atlantique à l'Océan Pacifique. Les morceaux de bois étrangers trouvés dans ces parages, annoncent une issue ou de forts courants.

L'expédition du colonel Chesney, sur l'Euphrate, doit produire un important résultat à l'orient, pour la navigation de l'Inde. Nous obtiendrons les mêmes de Téhuantepec, mais les avis sont aussi partagés. L'Angleterre a voté pour cette expédition 500,000 francs. Honneur au ministère qui encourage les belles entreprises!

Ibrahim Pacha voudrait construire ou établir un chemin de fer à Suez; mais le sable mouvant de cet isthme s'y oppose. Le voyage par la Syrie, l'Euphrate et le golfe Persique, serait, dit-on, plus court. Cependant le gouvernement anglais a déjà établi un service de bateaux à vapeur qui se rendent tous les mois de Malte à Alexandrie, d'où les voyageurs prennent à Suez, des bateaux de la compagnie des Indes, qui arrivent périodiquement pour la correspondance.

Le bateau le *Tigris* de l'expédition a sombré

récemment sur l'Euphrate ; des marins ont péri. Le capitaine qui a échappé comme par miracle, espère toujours accomplir son projet[1].

La nature semble avoir indiqué les points du globe où l'on peut le plus facilement triompher des difficultés, pour faciliter les communications. Panama, Téhuantepec, les détroits du nord, l'isthme de Suez, la mer Rouge et l'Euphrate attendent les travaux de l'homme entreprenant.

Les bois d'Amérique que l'on rencontre dans les détroits du nord, les acajous et les graines que l'on trouve sur les côtes de Suède et de Laponie, annoncent des passages inconnus et des courants prolongés.

Honneur aux inventions qui tendent à rapprocher les hommes et à conserver leurs jours ! les bateaux insubmersibles, le nouveau charbon d'Amérique (l'anthracite), vont faire moins craindre les naufrages, et faciliter les navigations à la vapeur.

En mer, une des plus grandes souffrances physiques, c'est la soif ; on est souvent obligé de l'apaiser avec des eaux putréfiées et remplies de vers. De récentes expériences faites à Boulogne-sur-Mer, avec le plus grand succès,

---

1. Le gouvernement anglais paraît vouloir abandonner cette entreprise.

viennent de démontrer la possibilité d'obtenir, à l'aide de la distillation de l'eau de mer, une eau potable très-bonne. Cette précieuse découverte assurera aux marins, même pendant les plus longues traversées, une boisson saine, et la faculté de laver leur linge, que l'eau de mer rendait toujours humide, par suite de la grande quantité de parties salines dont elle est saturée.

La multitude d'îles éparses sur l'Océan semble offrir aux navigateurs une halte salutaire ; et, lorsque l'on voit la main du créateur assigner à chaque animal de quoi parer au climat et pourvoir à son existence, on s'étonne que l'homme se résigne à être toujours malheureux, et qu'il ne quitte pas les villes qui regorgent de luxe, de population et de misère pour aller, fut-ce même sur une barque légère et non pontée, prendre les courants bienfaisants des vents alisés, et, sa voile enflée par l'espérance, gagner quelque île fertile de l'Océanie qui fournirait à ses besoins, et dont il serait sans opposition, le souverain absolu, tandis que dans les villes il ne connaît pas souvent le nombre de ses maîtres.

FIN.

Isthme
DE
TEHUANTEPEC
Dans lequel se trouve la Concession faite en
1828 par le Gouvernement de la République
du Mexique à M. M. Lausié de Villevêque
Questeur de la Chambre des Députés et Gordans

Explication.
Villes.
Villages.
Etablissemens agricoles et Villages (1)
Habitations Indiennes et Créoles.
Chemins.

(1) Ces Etablissemens fondés depuis sept ou huit ans pour faciliter
le voyage d'une Mer à l'autre renaissent déjà de 120 à 160 familles.

Echelles
Lieues communes du Mexique de 26 ⅔ au Degré

Lieues communes de France de 25 au Degré

N°. La Déclinaison est de 2°. N.E.

OCÉAN ATLANTIQUE
GOLFE DU MEXIQUE
ÉTAT DE VERA-CRUZ
Barre de Santícoatzaqua
Barre de Goazacoalco
Petite Barre
Terra Nueva
Buena Vista
la Nabogua
Minizapa
Ultapa
S. Juan
Chinamech
Constancingue
Socomusco
Jaltipa
Bruyères de Jlacosalpea
Tepeclaste
la Orqueta
Peña Blanca
Bruyères de Naranjo
M. Colorado
M. de Tepache
M. de la Oaxpequena
Tecutetepec
Acajoux et bois de teinture
Terres chaudes
de l'Etat de Vera-Cruz
Les Mixes
Mazatepec
M. Suigane
Jumpupa de la Puerta
Gue de la Puerta
Terres l'Elevada
Plaines de Sarabia
Passage de Sarabia
Malpaso
Coupe de Pins
Voca del Monte
Mazatlan
Surabia
Guichicovi
Plaines de Guvieia
Plaines de Gavilanes
Suichiapa
S. Domingo
Petapa
El Barrio
Portillo de S. Miguel
GUICHICOVI
Forêts de Tarifa de Cèdres odorants
Montagnes et forêts
Coupe de Pins
Tulta
ÉTAT
ATIMALA

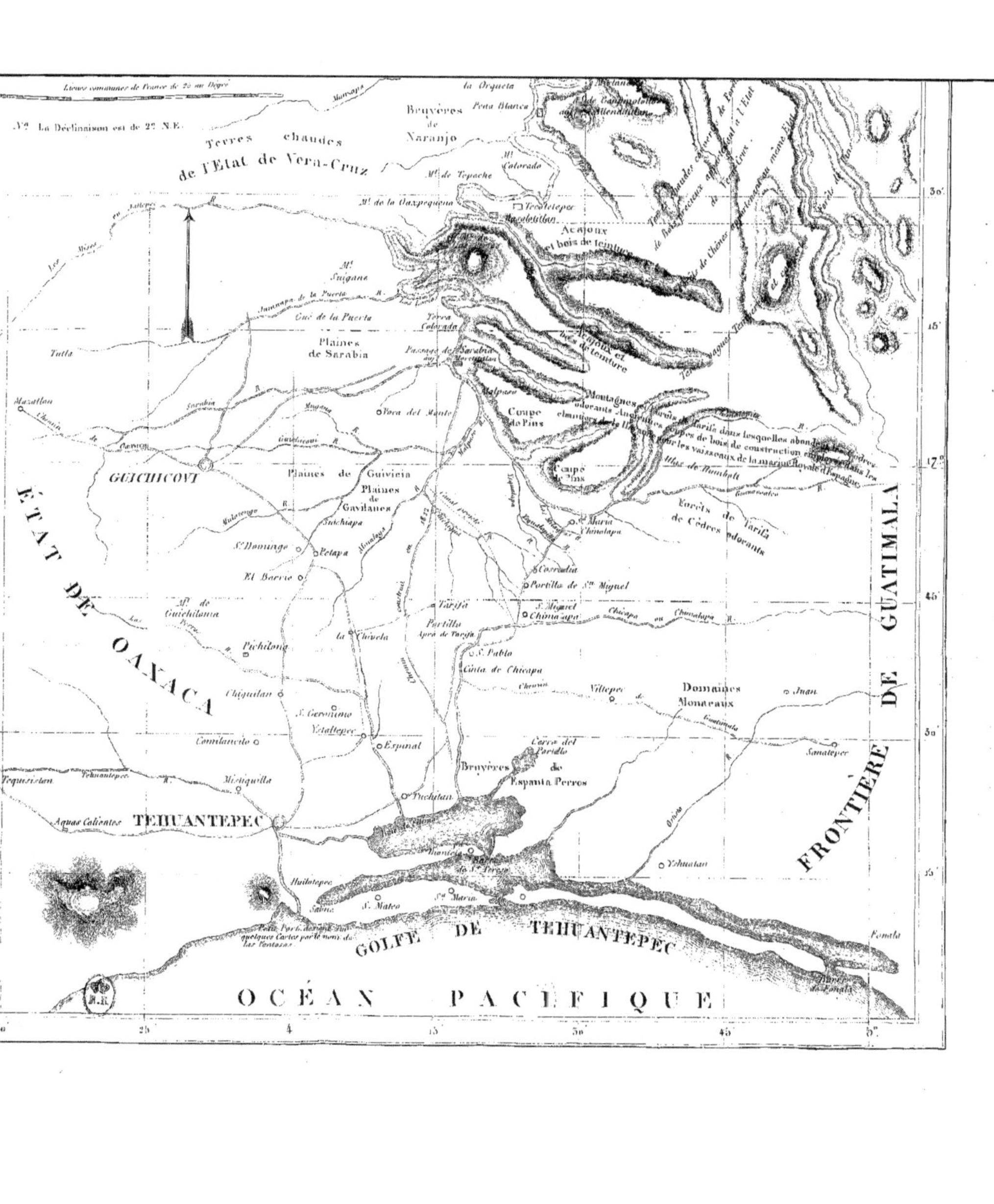

Lieues communes de France de 25 au Degré
N°. La Déclinaison est de 2° N.E.
Marsapa
la Orqueta
Bruyères de Naranjo
Peña Blanca
Terres chaudes de l'État de Vera-Cruz
M! de Tepache
M! Colorado
M! de la Oaxpequeña
Acajoux et bois de teinture
Tecotletepec
Macaltitlan
Les Mises
en Jaltepec
M! Suigane
Jamnapa de la Puerta
Cué de la Puerta
Yerva Colorada
Tutla
Plaines de Sarabia
Passage de Sarabia au Mezcuatlan
Mazatlan
Chemin de Carsen
Sarabia
Mugana
Voca del Monte
Malpaso
Acajoux et bois de teinture
Guelac001
ÉTAT DE OAXACA
GUICHICOVI
Coupe de Pins
Montagnes odorantes Americaines climatiques de la Havane
Plaines de Guivicia
Plaines de Gavilanes
Cèdres dans lesquelles abondent les bois de construction employés dans les vaisseaux de la marine Royale d'Espagne
Coupe de Pins
Muletengo
Suchiapa
Monalogar
S! Domingo
Petapa
Forêts de Tarifa de Cèdres odorants
Canal Projeté
Ilha de Humbolt
Guanacatco
El Barrio
S! Maria Chinalapa
M! de Guichilama Las Perrer
Pichilona
la Chivela
Tarifa
Portilla Apra de Tarifa
Portilla de S! Miguel
Cosradia
S! Miguel Chinazapa
Chicapa ou Chinatapa R.
Chiquilan
S! Pablo
Cinta de Chicapa
Chennu
Villepec
Domaines Monaraux
Juan
S! Geronimo Yetaltepec
Comilancito
Espinal
Guatimala
Sanatepec
Tequesistan
Tehuantepec
Mistiquilla
Cerro del Partidio
Bruyères de Espanta Perros
Oricta
Puchitan
Yrhuatan
Aguas Calientes
TEHUANTEPEC
Mante de S! Teresa
S! Maria
Tonala
Huilotepec
Salina
S! Mateo
S! Maria
Petit Port désigné sur quelques Cartes par le nom de las Ventosas
GOLFE DE TEHUANTEPEC
Barra de Tonala
N.R.
OCÉAN PACIFIQUE
ÉTAT DE OAXACA
FRONTIÈRE DE GUATIMALA
30'
15'
17°
45'
30'
15'
30'
25'
4°
15'
30'
45'
5°

www.ingramcontent.com/pod-product-compliance
Lightning Source LLC
Chambersburg PA
CBHW051228050726
47594CB00001B/72